Digitalisierung klargemacht

Basiswissen für Arbeitnehmer und Unternehmen

Dr. Peter Lender

1. Auflage

Inhalt

Vorwort

Digitalisierung, digitale Transformation und digitale Revolution – diese Schlagwörter begegnen uns mittlerweile überall. Und doch wirken sie auf viele von uns wie Begriffe aus einer unbekannten Welt. Dabei ist es höchste Zeit, sich mit ihnen auseinanderzusetzen, denn Digitalisierung geht uns alle an. Ähnlich wie bereits die Elektrifizierung, die vor 100 Jahren jederzeit verfügbaren Strom ins Leben aller brachte, löst sie allumfassende Veränderungen aus, die bereits heute schon spürbar und in Ansätzen bereits realisiert sind. Doch warum tun wir uns mit der Digitalisierung offensichtlich so schwer? Haben wir ein Erkenntnis- oder ein Umsetzungsproblem? Dieser TaschenGuide geht diesen Fragen auf den Grund und leistet in Kombination mit dem YouTube-Kanal »Digitalisierung.Klargemacht« wertvolle Aufklärungsarbeit zum Thema Digitalisierung. Denn nur wer deren Grundlagen und deren Auswirkungen verstanden hat, findet sich im zunehmend digitaler werdenden Lebensraum zurecht und kann im Berufsleben neue digitale Geschäftsmodelle erschaffen, managen und leben.

Nur gemeinsam schaffen wir es, die Digitalisierung umfassend und erfolgreich umzusetzen und weiterzuentwickeln. Welche Impulse setzen Sie? Ich freue mich auf Ihre Resonanz (antwort@klargemacht.de) und wünsche Ihnen wertvolle Erkenntnisse bei der Lektüre!

Ihr Peter Lender

Die QR-Codes – eine Bedienungsanleitung

 In diesem TaschenGuide sind QR-Codes platziert. QR ist eine Abkürzung für Quick Response, was man übersetzen kann mit »schnelle Antwort«. Damit gelangen Sie via Smartphone bequem und komfortabel auf Internetseiten, ohne in Ihren Internet-Browser lange Link-Adressen eintippen zu müssen.

Haben Sie ein Smartphone neuerer Generation, ist das Auslesen dieser QR-Codes denkbar einfach, denn diese Funktion ist dann standardmäßig ins Mobiltelefon integriert. Öffnen Sie die Kamera-App und richten Sie die Kameralinse Ihres Handys für ein paar Sekunden auf den QR-Code. Auf dem Bildschirm erscheint dann automatisch ein Hinweis, der Sie zur richtigen Internetseite führt.

Ist das Auslesen von QR-Codes keine Standard-Funktion Ihres Smartphones, können Sie sich eine App aus dem App-Store herunterladen, so z. B. QR-Code-Reader oder i-nigma. Auch Pinterest, Shazam oder Snapchat haben QR-Reader-Funktionen integriert. Verfügen Sie über eine dieser Apps, können Sie auch darüber QR-Codes entschlüsseln.

Digitalisierung – was ist das überhaupt?

Die Digitalisierung ist in aller Munde – vor allem wenn es darum geht, die aktuellen Veränderungen in Wirtschaft, Staat und Gesellschaft zu erklären. Doch was ist Digitalisierung genau? Ist sie nur ein weiterer Trend oder steckt mehr dahinter?

In diesem Kapitel erfahren Sie unter anderem,

- dass Digitalisierung kein neues Phänomen ist,
- welche Chancen, Risiken und Nebenwirkungen sich dahinter verbergen,
- was Disruption mit Digitalisierung zu tun hat.

Von Binärcodes und Mikrochips – die Wurzeln der Digitalisierung

Die Wurzeln der Digitalisierung gehen zurück auf die Erfindung eines binären Codes, der aus simplen Nullen und Einsen besteht, und eines unscheinbaren, winzigen Teilchens: den Mikrochip. Klein, aber oho – erstmals war es gelungen, auf kleinstem Raum Rechenleistung, also die logische Verknüpfung von Nullen und Einsen in unterschiedlicher Reihenfolge, verarbeiten zu lassen.

Gordon Moore, der Mitgründer von Intel, eines Herstellers von Mikrochips, sollte lange Zeit mit seiner im Jahr 1965 aufgestellten These, dem sogenannten Moore'schen Gesetz, Recht behalten, nach der sich die Rechenleistung von Mikrochips im Schnitt jeweils innerhalb von 18 Monaten verdoppelt. Aber auch andere Technologien setzten sich in atemberaubender Geschwindigkeit fort und vor allem durch: Während das Festnetztelefon noch über 120 Jahre brauchte, um sich weltweit zu verbreiten, wird das Mobiltelefon Selbiges innerhalb von nur 20 Jahren erreichen, d.h. sechsmal so schnell. Während der Aufbau des elektrischen Stromnetzes knapp 90 Jahre benötigte, wird sich das Internet innerhalb von höchstens 30 Jahren weltweit durchsetzen, also dreimal so schnell (vgl. auch Drath, 2016). Die neuen technologischen Entwicklungen folgen also immer schneller und schneller und in größerem Umfang aufeinander.

Unser reales und digitales Leben ist mittlerweile so miteinander verwoben, dass wir oft gar keine Unterscheidung mehr treffen zwischen dem Digitalen und Analogen. Wir leben ein »Digilife«. Ein Leben ohne die digitalen Errungenschaften wie das Internet, die Sozialen Medien, das Smartphone und Tablet ist für fast alle von uns schlicht nicht mehr vorstellbar. Wir sprechen in dem Zusammenhang schon nicht mehr von »online«, sondern von »onlive«.

Und auch wenn uns mittlerweile das Digitale so vertraut scheint, ist doch zugleich die von uns Menschen geschaffene Digitalisierung mit Auswirkungen verbunden, welche die Mehrheit von uns noch nicht versteht oder erfassen kann. Somit ist die Digitalisierung das größte Live-Experiment, was es je in der Geschichte der Menschheit gab. Man spricht deswegen auch von der digitalen Revolution oder besser der digitalen Transformation. Nicht ohne Grund vertreten Politiker über alle Parteien hinweg seit einiger Zeit in ungewohnter Übereinstimmung die Meinung: »Digitalisierung ist die größte Herausforderung!«

Uns fehlt aktuell das Wissen um die Wirkungen und Auswirkungen der Digitalisierung und der Mut, die hierfür erforderliche Umsetzung und damit die Veränderungen anzupacken. Kein Wunder, denn wir blicken auf eine erfolgreiche Vergangenheit zurück, die vielen Menschen und Unternehmen in unserer Gesellschaft eine große, relativ sorgenfreie Komfortzone beschert hat, aus der heraus es schwerfällt, sich neu zu orientieren und den Sprung in Unbekanntes zu wagen.

Digitalisierung – ein Definitionsversuch

Digitalisierung ist in aller Munde. Googelt man den Begriff, erhält man aktuell über 28 Millionen Einträge. Doch was ist Digitalisierung eigentlich genau? Was gehört alles dazu? Was lässt sich darunter verstehen?

Eine simple Erklärung gibt es nicht; dazu ist Digitalisierung zu umfassend. Ausgehend von der Wortbedeutung geht es dabei um die Umwandlung von analogen Informationen in digitale Formate, die aus Bits und Bytes bestehen, um sie schneller und besser ver- und bearbeiten, speichern und kopieren zu können. Das bezeichnet die digitale Transformation.

Damit ist aber längst noch nicht alles erfasst, was sich hinter dem Begriff Digitalisierung verbirgt. Sie hat auch Einzug in die Kommunikation und die Hardware gehalten. So basieren Instrumente, Geräte, Maschinen, Fahrzeuge und viele weitere Gegenstände zunehmend mehr auf den Errungenschaften der Digitalisierung. Smart Homes, »denkende« Roboter, autonom fahrende Autos und sprachgesteuerte Assistenten wie Amazons »Alexa« sind hier nur einige wenige Beispiele.

Die Digitalisierung hat unter anderem dazu geführt, dass

- auch komplexe und umfassende Abläufe und Workflows immer mehr und mehr automatisiert werden können,

- der Dialog und die Kontaktaufnahme zwischen Unternehmen und ihren Kunden direkter und schneller vonstattengehen können,

- sich dank der Vernetzung zwischen Mensch und Mensch und Mensch und Maschine neue Geschäftsmodelle eröffnet haben,

- Entscheidungen und Prognosen aufgrund größerer Datenmengen sicherer und besser getroffen werden können.

All dies treibt die Entwicklung neuer Technologien und weiterer innovativer Geschäftsmodelle stetig voran. Eine Innovation jagt die nächste. Wir sind mitten im digitalen Transformationsprozess. Das fordert von den Menschen zunehmend mehr Anpassungsfähigkeit. Viele haben aktuell das Gefühl, dass ihre Umwelt sich schneller verändert als sie selbst oder das Unternehmen, für das sie arbeiten. Das Bewährte und Gewohnte hat sich überlebt; viele alteingeführte Unternehmen haben ihren ursprünglichen Geschäftszweck verloren. Und auf die Frage, ob man das Unternehmen genau so noch einmal neu gründen würde, ist vielen die Antwort klar. Sie lautet »Nein«.

Die Bedingungen, die das Wirtschafts- und auch Privatleben der heutigen Zeit prägen, haben sich radikal geändert. Der Begriff VUCA fasst diese Faktoren prägnant in vier Buchstaben zusammen.

Wofür steht VUCA?		
V	Volatility	Volatilität, Unbeständigkeit
U	Uncertainty	Unsicherheit
C	Complexity	Komplexität
A	Ambiguity	Mehrdeutigkeit

Das größte Risiko ist der Stillstand eines Unternehmens bei sich radikal verändernden Umweltbedingungen. Dieses Risiko bezeichnet man auch als das »Risiko der Nicht-Digitalisierung«, was sich am Beispiel der Firmengeschichten von Kodak, Quelle, Nokia etc. anschaulich erläutern lässt.

Wir stehen aufgrund dieser Entwicklungen der digitalen Transformation derzeit an der Schwelle zur vierten industriellen Revolution.

Wirkungen der Digitalisierung

Der Blick zurück: was sich aus Vergangenem lernen lässt

Doch ist das alles wirklich so neu und unbekannt, wie es sich anfühlt? Ein Blick zurück hilft Klarheit zu gewinnen. Aus einem Rückblick heraus lassen sich sogenannte übergeordnete Meta-Faktoren erkennen und auf die heutige Zeit der Digitalisierung übertragen.

> Wer die Zukunft gestalten will, muss die Gegenwart und die Prinzipien der Vergangenheit verstanden haben.

Vor über 100 Jahren war es die Elektrifizierung, die das Arbeitsleben, die Wirtschaft und die Lebensverhältnisse der Menschen grundlegend verändert hat. Der Aufbau eines flächendeckenden Stromnetzes war gekennzeichnet von folgenden Meta-Faktoren:

1. Der Ort der Energieerzeugung war von nun an von dem Ort der Kraftverwendung getrennt. Das war bei den bisher zur Stromerzeugung eingesetzten Dampfmaschinen nicht möglich.

2. Strom war jetzt immer nahezu unendlich verfügbar, ohne dass sich der Verbraucher selbst um die Erzeugung und die damit verbundene Vorhaltung von Energiequellen und Kraftstoffen kümmern musste.

3. Man konnte die Energie nun individuell steuern und regeln.

Diese Meta-Faktoren waren die Basis für neue Entwicklungen: Es gab bald strombetriebene Werkzeuge, wie beispielsweise Bohrmaschinen, und Geräte wie z. B. Kühlschränke, die die Geschäftsmodelle von Großunternehmen wie Siemens, AEG etc. begründeten.

Kommen wir zurück zur Digitalisierung. Was lässt sich aus den wesentlichen Faktoren der Elektrifizierung in unsere heutige Zeit übertragen und lernen? Naheliegend ist vor allem eines: Die Digitalisierung basiert auf den Meta-Faktoren der Elektrifizierung. Ohne die Elektrifizierung wäre die Digitalisierung nicht möglich gewesen. Das merken wir spätestens, wenn der Akku unseres Smartphones geladen werden muss. Ohne die Elektrifizierung ist die Digitalisierung nicht vorstellbar und umsetzbar.

Zusätzlich spielt bei der Digitalisierung auch der oben genannte Meta-Faktor Nr. 1 der Elektrifizierung eine entscheidende Rolle: Produktions-, Management- und Vertriebsorte müssen nicht beieinander liegen. Heutzutage gilt das mehr denn je. Wir leben im Zeitalter der Globalisierung.

BEISPIEL: ARBEITSTEILUNG IM RAHMEN DER GLOBALISIERUNG

Maschinen werden von Ingenieuren in Deutschland entworfen. Die Bauteile dafür werden in verschiedenen Ländern weltweit in einem dafür vorgegebenen Zeitfenster produziert und anschließend versendet, damit alle Einzelteile in einem weiteren Land zusammengesetzt und von Deutschland aus per Internet vertrieben werden können.

Ein wesentlicher Meta-Faktor der Digitalisierung ist die Möglichkeit der individualisierten Massenproduktion. Die Unternehmen sind heute in der Lage, riesige Datenmengen zu verarbeiten: Diese Datenmengen sind die Basis für die Steuerung der Produktionsmaschinen, um damit jedes Produkt in seiner Zusammensetzung zu individualisieren. Die Kunden können somit zwischen einer großen Anzahl aus Produktvariationen online auswählen.

Ein weiterer Meta-Faktor: Die Konkurrenz wird unter anderem wegen der zunehmenden Globalisierung via Internethandel größer. Das bringt als dritten Meta-Faktor auch eine deutliche Beschleunigung der Marktzyklen und der Trends mit sich. Das Management steht damit permanent vor der Balance-Aufgabe, bestehende Geschäftsmodelle am Laufen zu halten, dabei wirtschaftlich rentabel zu produzieren und gleichzeitig neue digitale Produktionsverfahren und digitale Kundenzugänge aufzubauen.

Die Digitalisierung macht es möglich, einfache und monotone Arbeitsabläufe und körperlich anstrengende und gefährliche Aufgaben von Robotern bzw. Computern erledigen zu lassen. Daraus ergibt sich der vierte Meta-Faktor: Die Maschine ersetzt zunehmend den Menschen beziehungsweise der Mensch wird zum Steuerer und Begleiter der Maschinen.

Alte analoge Welt – neue digitale Welt: die Unterschiede

Die folgende Tabelle zeigt die Unterschiede zwischen der bisherigen analogen Welt und den Faktoren, die im Zuge der digitalen Transformation zunehmend unser Arbeitsleben bestimmen.

Die »Alte Welt« vor der Digitalisierung	Die »Neue Welt« durch die Digitalisierung
1. Veränderungen sind überschaubar, verlaufen relativ langsam und sind oft auf einzelne Themen beschränkt.	1. Veränderungen gehen deutlich schneller, umfassender und betreffen das gesamte Geschäftsmodell.
2. Grenzen des Unternehmens sind eindeutig über Eigentum, Verträge, Waren, Dienstleistungen und Geldflüsse definiert.	2. Grenzen des Unternehmens verschwimmen und sind vieldimensional, z. B. durch die Einbindung des Kunden, Partnernetzwerke.
3. Entwicklung und Produktion enden mit Markteinführung. Danach beginnt die Vorphase der nächsten Generation.	3. Entwicklung und Produktion beziehen sich auf den gesamten Lebenszyklus. Es gibt keine »nächste Generation«, sondern permanente Weiterentwicklung (Updates).
4. Der Verkauf ist der Schlusspunkt von Produktentwicklung und Vermarktung.	4. Der Verkauf ist der Start einer Kunden-, Echtzeit- und Response-Beziehung.
5. Im Zentrum von Marketing und Vertrieb steht der Verkauf eines Produkts.	5. Marketing und Vertrieb maximieren den Nutzen über den gesamten Lebenszyklus.
6. Kundenbeziehungen werden über den Kauf definiert, in dem das Eigentum von Herstellern auf Kunden übergeht.	6. Kundenbeziehungen werden über Nutzen definiert, die mit Eigentumsfragen nicht zwingend etwas zu tun haben müssen.
7. Daten entstehen entlang der Wertschöpfungskette oder resultieren aus externen Quellen (Marktforschung).	7. Daten entstehen in Echtzeit und permanent durch das Produkt und die Anwendung selbst und müssen in »Nutzen« übersetzt werden.
8. Für Datensicherheit und Datenqualität ist primär die IT verantwortlich.	8. Um Datensicherheit und Datenqualität kümmern sich alle Funktionen.

Die »Alte Welt« vor der Digitalisierung	Die »Neue Welt« durch die Digitalisierung
9. »Organisationen« sind hierarchisch getrennte Funktionen wie z. B. F&E, Einkauf, Produktion, Vertrieb.	9. »Organisationen« sind prozessorientierte Funktionalitäten, in denen es um Tempo, Vernetzung und Umsetzungsstärke geht.
10. Führung bedeutet vor allem direkte Führung von Mitarbeitern – top-down und hierarchiegetrieben.	10. Führung wird vielschichtiger und bedeutet die Führung von Kollegen, Chefs, Kunden, Wertschöpfungspartnern etc.

Quelle: Roman Stöger: »Toolbox Digitalisierung«; Stuttgart 2017

Der Begriff Digitalisierung lässt sich in enger Auslegung wie folgt zusammenfassen: Im ersten Schritt erfolgt die Überführung analoger Größen (z. B. 0,75) in diskrete, abgestufte Werte (z. B. 0 oder 1). Im zweiten Schritt werden diese Werte (0 oder 1) elektronisch gespeichert; im dritten Schritt werden sie verarbeitet. In einer weiteren Auslegung beschreibt Digitalisierung den Wandel von einer analogen Welt zu einer digitalen Welt (siehe auch die Tabelle).

Chancen, Risiken und Nebenwirkungen

Die Tabelle oben macht es offensichtlich: Digitalisierung ist weitreichend und umfasst nahezu alle Bereiche unseres Wirtschaftslebens. Dies bietet Chancen, birgt aber auch (scheinbare) Risiken und hat zahlreiche Nebenwirkungen.

1. Digitalisierung macht es möglich, Arbeitsabläufe und Prozesse zu standardisieren – und zwar in einem noch größeren

Maße und effizienter, als es in der Vergangenheit möglich war. Mit der zunehmend intelligenten Verarbeitung der Daten eröffnen sich neue Möglichkeiten in Bezug auf eine Steigerung der Produktionsgeschwindigkeiten und eine Senkung der Produktionskosten.

2. Produzenten und Kunden können heutzutage direkt eine Geschäftsbeziehung zueinander aufbauen, ohne die Zwischenschaltung von Dritten – und vor allem weltweit quer über den Globus. Das überwindet Handelsbarrieren und führt zum Abbau von Zwischenhandelsspannen. Im Ergebnis ist es nun für Kunden möglich, jederzeit, überall und alles zu ordern. Was für ein Fortschritt und eine riesige Chance für Unternehmen, die die darin liegenden Potenziale erkennen und sie in Geschäftsmodelle umsetzen!

3. Produkte und Dienstleistungen können unabhängig von lokalen Märkten auf digitalen Plattformen oder Marktplätzen überall auf der Welt angeboten werden. Die damit einhergehende größere Transparenz und Vergleichbarkeit von Angeboten hat zu einer Verschiebung von ehemals Verkäufer-dominierten zu Käufer-dominierten Märkten geführt. Davon profitieren die Verbraucher: Der größere Wettbewerb führt zu günstigeren Preisen für Produkte und Dienstleistungen.

4. Die Digitalisierung macht Produktionsprozesse schneller und qualitativ hochwertiger. Entsprechende Abläufe lassen sich digital miteinander verzahnen, optimieren und im Rahmen der Variablen im Produktionsprozess individualisieren. So wurde die individuelle Massenfertigung überhaupt erst möglich.

5. Faktor Big Data – Auswertung von großen Datenmengen, um Kundenwünsche besser analysieren und antizipieren zu können; den Produzenten eröffnet sich damit die Chance, künftige Bedarfe ihrer Kundschaft zu prognostizieren.

Wenn Sie Ihr Privat- und Arbeitsleben einmal genauer betrachten, werden Sie feststellen, dass diese Auswirkungen bereits in vielen Bereichen Realität geworden sind.

Warum Digitalisierung für viele so bedrohlich scheint

Daher stellt sich auch nicht die Frage, ob digitalisiert wird, sondern nur noch, wann genau und von wem. Es wird digitalisiert werden, was wirtschaftlich und technisch zu digitalisieren ist. Es wird automatisiert werden, was wirtschaftlich und technisch zu automatisieren ist. Es wird vernetzt werden, was wirtschaftlich und technisch zu vernetzen ist. Wir dürfen diesen Prozess mitgestalten; aufhalten wird ihn keiner von uns.

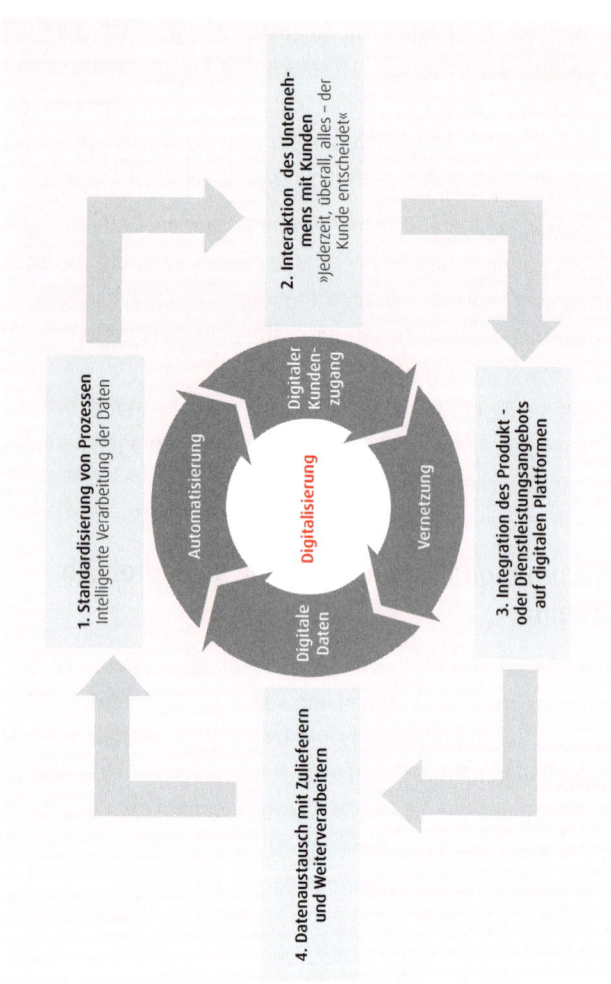

Auswirkungen der Digitalisierung

> Wir dürfen die Digitalisierung als Sintflut verstehen; es ist sinnlos Dämme zu bauen, wir benötigen den Bau von Archen! (Dr. Gunter Dueck)

All dies zeigt: Die Digitalisierung schafft vielfältige Möglichkeiten und Chancen, unsere Welt effizienter, wirtschaftlicher und gerechter zu organisieren.

Wie kommt es dann, dass sie von vielen Menschen als so bedrohlich empfunden wird? Hier kommt sicherlich ein alter evolutionsbiologisch begründeter Mechanismus im Menschen zum Tragen: Was wir nicht kennen und nicht genau abschätzen können, löst negative Emotionen wie Furcht und Angst in uns aus. Ein durchaus begründeter Ursache-Wirkung-Zusammenhang, der uns in der Steinzeit das Leben gerettet hat, als wir noch wirklich bedrohlichen Gefahren wie Säbelzahntigern und anderen Wilden begegneten. Doch die Digitalisierung per se ist nicht bedrohlich, sondern allenfalls komplex, in ihren Auswirkungen noch häufig unvorhersehbar und sicherlich in Teilen gar chaotisch. Genau dies lässt viele von uns jedoch genauso reagieren wie bei echten Gefahren. Es ist schon immer eine Herausforderung für die Menschheit gewesen, mit der offensichtlich nicht mehr funktionierenden Gegenwart abzuschließen und die noch unbekannte Zukunft als Gegenwart anzunehmen. Die Koordinaten der ehemaligen Entscheidungsgrundlagen haben sich verschoben; der Fortschritt in Form der digitalen Technik hat eine neue Realität erschaffen. Doch wie damit umgehen?

In einfachen und klaren Situationen können wir auf standardisierte Abläufe zugreifen; wir fühlen uns sicher, weil wir genau wissen, was zu tun ist. Als einfach wird beispielsweise eine Ampelschaltung empfunden. Überall auf der Welt sieht sie gleich aus und funktioniert auch so: Es gibt zwei bis drei Farbsignale und entsprechend damit verknüpfte Verhaltensregeln, auf die man sich geeinigt hat. Fährt man auf eine grüne Ampel zu und sieht, dass sie auf gelb umschaltet, so ist zu erwarten, dass die Ampel als Nächstes rot anzeigt und wir unsere Vorwärtsbewegung stoppen sollten, wenn wir eine Kollision mit anderen Verkehrsteilnehmern vermeiden und uns an die Regeln halten wollen.

Anders sieht es aus in Situationen, die unvorhersehbar und für uns in ihren Auswirkungen und in unseren Handlungsoptionen nicht eindeutig interpretierbar sind. Sie empfinden wir als kompliziert, komplex oder auch als chaotisch. Genauso verhält es sich mit der Digitalisierung: Da keiner abschließend und vollumfänglich weiß, was die digitale Transformation letztlich bringen wird, stehen ihr viele skeptisch gegenüber, einigen macht sie sogar Angst.

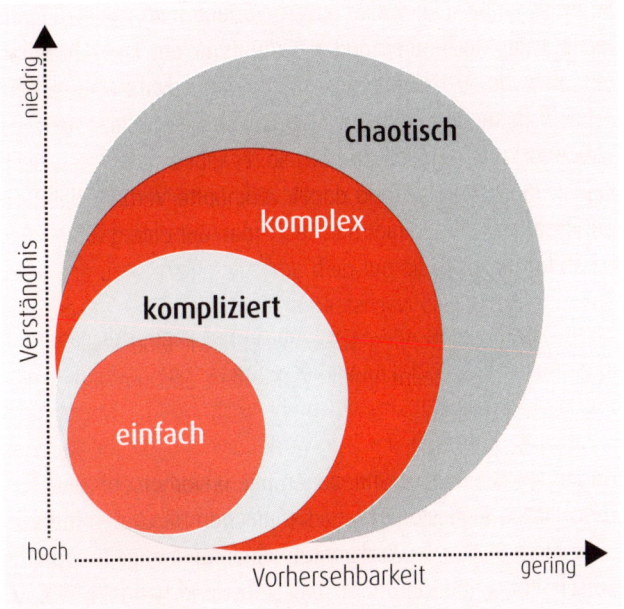

Von einfach bis chaotisch

Doch die Menschheit stand – Sie ahnen es schon – bereits des Öfteren vor solchen komplexen und in ihren Folgen nicht vorhersehbaren Herausforderungen und hat sie auch erfolgreich bewältigt.

So mussten beispielsweise unsere Vorfahren vor circa 100 Jahren bei der flächendeckenden Einführung der Elektrifizierung mit den daraus resultierenden Unwägbarkeiten umgehen. Schließlich stellte sich heraus: Die Elektrifizierung brachte überwiegend Vorteile mit sich; gab es doch nun regelbares Licht, Kühlschränke, Straßenbahnen etc. Für Manufakturbetriebe eröffneten sich damals ganz neue Produktionsprozesse und Geschäftsmodelle.

Wir Menschen sind also sehr wohl in der Lage, mit neuen, in ihrer Auswirkung noch unvorhersehbaren Entwicklungen umzugehen – es kostet uns nur mehr Anstrengung, Energie und Kreativität. Kommen wir zur Verdeutlichung dieser Tatsache zurück auf das Beispiel mit der Ampel. Wenn wir vor einer solchen Lichtanlage stehen und sie plangemäß und vorhersehbar zwischen den drei bekannten Varianten rot, gelb und grün umschaltet, organisieren wir uns selbst und handeln, wie wir es gelernt haben. Wenn jedoch die Ampel ausgefallen ist und wir uns deswegen an den ehemals in der Fahrschule erlernten Verkehrszeichen und Regeln der Straßenverkehrsordnung orientieren müssen, wird die Situation schon komplizierter. Wir sind angespannt und müssen mehr Energie und Anstrengung darauf verwenden, alles richtig zu machen.

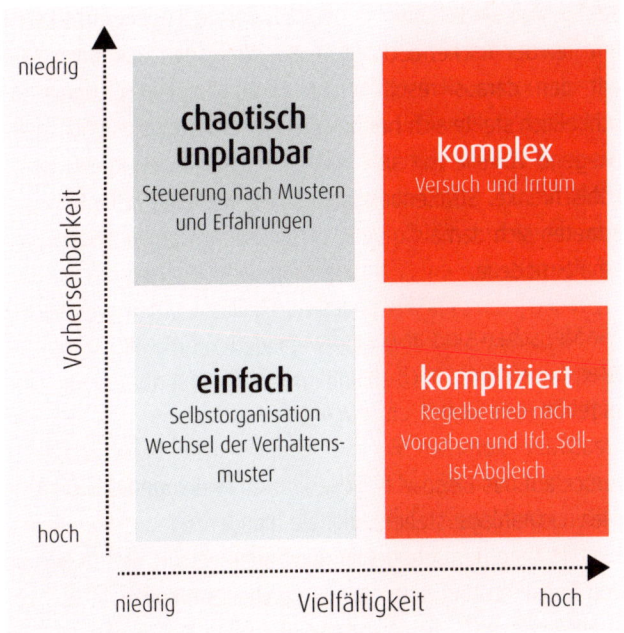

Umgang mit Komplexität – Handlungsoptionen

Wir hoffen dann darauf, dass alle anderen ebenso wie wir die »Rechts vor links«-Grundregel beherrschen und verständigen uns zur Sicherheit ergänzend mittels Handzeichen, Blinker, Hupe etc. Wir haben in einer solchen Situation weiterhin nur relativ wenig Handlungsoptionen, gleichzeitig nimmt die Vorhersehbarkeit der Reaktionen der anderen Verkehrsteilnehmer ab.

Wenn die Situation jetzt noch schwieriger wird, weil wir an einer Kreuzung stehen, in die zehn Straßen münden, und an jeder dieser Straßen ein Fahranfänger wartet, der die Regeln nicht kennt und unerfahren ist, herrscht Chaos. Wir fragen uns ratlos: Wie damit umgehen? Zumeist greifen wir dann in einer solchen »chaotischen« Situation auf altbekannte erlernte Muster und Erfahrungen aus der Vergangenheit zu, um die Situation irgendwie zu meistern. Und genau das hindert uns daran, neue Verhaltensweisen, die besser auf die veränderten Rahmenbedingungen passen, auszuprobieren. Erfahrung kann bei völlig veränderten Umwelt- und Rahmenbedingungen zum Ballast werden. Wir müssen den Steuerungsverlust in einer veränderten Umwelt akzeptieren und mittels einer »Versuch und Irrtum«-Verfahrensweise die beste Handlungsoption herausfinden.

Ausgehend von den vier wesentlichen Wirkungen der Digitalisierung (Automatisierung, digitaler Kundenzugang, Vernetzung, digitale Daten) ergeben sich durch den zielgerichteten Einsatz von Sensoren und Aktoren neue technische Konzepte und Lösungsangebote, wie zum Beispiel soziale Netzwerke, mobile Apps, Robotik, additive Fertigungen, Cloud Computing, Breitband, Big Data, Internet der Dinge, Wearables usw. Diese technischen Konzepte sind, ähnlich wie eine Fräsmaschine, per se noch nicht direkt nutzenstiftend für den Massenmarkt. Sie stellen lediglich die Werkzeuge dar, auf denen die digitalen Leistungsangebote basieren und diese erst möglich machen. In der folgenden Grafik ist dieses Prinzip übersichtlich beschrieben. Als digitale Leistungsangebote sind beispielhaft zu nennen: Fernwartung, Smart Factory, Smart Home, autonome Fahrzeuge, Bitcoins, Drohnen, soziale Massenmedien etc.

Im äußeren Kreis der Grafik sind beispielhaft bekannte Marken der Anbieter dieser digitalen Leistungsangebote genannt. Alles basiert auf den vier wesentlichen Wirkungen der Digitalisierung.

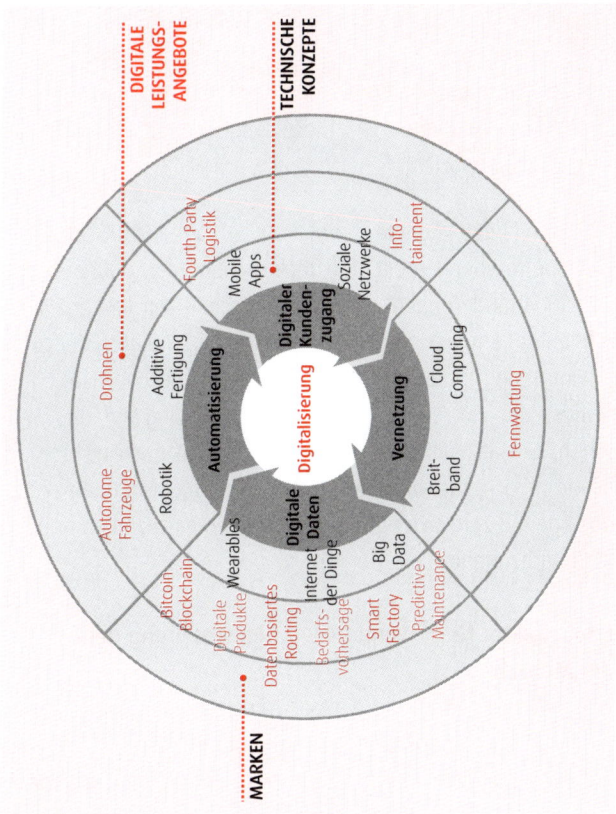

Technische Konzepte / Digitale Leistungsangebote / Marken
(in Anlehnung an Boueé und Schaible 2015)

Ist die digitale Transformation wirklich eine Revolution?

Die digitale Transformation wird auch als digitale Revolution bezeichnet. Aber ist sie das wirklich? Stellt die digitale Transformation abrupt oder zumindest in kurzer Zeit alle bisher gekannten Strukturen nachhaltig auf den Kopf, wie es kennzeichnend für echte Revolutionen ist? Diese Frage ist mit einem klaren Nein zu beantworten.

Die sogenannte digitale Revolution hat uns nicht schlagartig und überraschend ereilt. Die technischen Entwicklungen und Strukturveränderungen zeichnen sich schon seit langem deutlich in ihrer Entwicklung und Umsetzung ab. Lediglich der exakte Eintrittstermin dieser Umwälzungen und der wechselseitige Einfluss der vier Wirkungen der Digitalisierung auf die Menschen, Gesellschaften und Unternehmen ist noch nicht exakt bestimmbar. Daher bleibt Menschen und Organisationen aktuell noch genug Zeit, sich auf die Änderungen einzustellen und mit ihnen mitzugehen.

Erfolgsfaktor Nr. 1, wenn es um Digitalisierung geht: der Mensch

Doch warum gelingt die digitale Transformation bisher nur einigen Unternehmen? Einer der Hauptgründe dafür ist, dass die Menschen in den Unternehmen diese Entwicklung distanziert und theoretisch aus einer bequemen Konsumhaltung heraus betrachten, ohne sich ernsthafte Gedanken darüber zu machen, wie sie die Prinzipien der Digitalisierung für sich selbst umsetzen und wirtschaftlich nutzen können. Wie so oft, ist also auch, wenn es um die digitale Transformation geht, Erfolgsfaktor Nummer 1 der Mensch und dessen Einstellung.

Das Individuum trifft die Entscheidung für die Digitalisierung.

Warum sind Mitarbeiter in ihrer Freizeit digitale Profis in der Anwendung von Apps, Portalen etc., aber in der Arbeitswelt noch vielfach »analog« unterwegs?

In vielen Unternehmen verhindern starre Organigramme, ein historisch gewachsenes Verständnis der Arbeitsteilung und hierarchisch organisierte Arbeitsprozesse, dass die Mitarbeiter ihre digitalen Fähigkeiten einbringen und zum Vorteil ihres Arbeitgebers nutzen. Ein Blick auf erfolgreiche agile Unternehmen zeigt, dass ein nachvollziehbares Leistungsprinzip, Verlässlichkeit und eine positive Einstellung gegenüber Innovationen und deren Umsetzung die Widerstandsfähigkeit von Unternehmen unter den Bedingungen der Digitalisierung sicherstellen.

Der mächtige Kunde

Die Möglichkeiten der Digitalisierung mit ihren digitalen Kundenzugängen und der besseren Vergleichbarkeit von Angeboten führt zu »Kontinentalplatten-Verschiebungen« in den Märkten: Wir bewegen uns heutzutage bereits überwiegend in käuferdominierten Märkten. Der Nachfrager bestimmt die Märkte, nicht mehr der Anbietende! Das liegt vor allem an der Digitalisierung: War früher das Angebot auf den örtlichen Einzelhandel beschränkt, kann der Kunde heutzutage frei aus Online-Shops auf der ganzen Welt wählen, sich in Vergleichsportalen über die Preise und auf Bewertungsportalen über die Qualität von Waren sowie deren Anbieter informieren. Konsumenten lenken mit ihren Konsumentscheidungen die Finanz- und Ertragsströme von Unternehmen. An der zunehmenden Verödung von ehemals durch den Einzelhandel geprägten Klein- und Mittelzentren lässt sich dieser Trend leicht ablesen. Die Unternehmen stehen vor der Entscheidung, entweder aus dem Markt auszusteigen, oder sich der Digitalisierung zu stellen und ihre ehemalige Unique Selling Proposition, also ihr Alleinstellungsmerkmal, in die digitale Welt zu transformieren.

Steigerungsraten der Umsetzung der Digitalisierung (schematische Darstellung einer exponentiellen Funktion)

Die Umsetzungsgeschwindigkeit der Digitalisierung wird weiter deutlich zunehmen. Ursache hierfür ist, dass es zunehmend rentabler wird, digitale Technologien einzusetzen. So sind beispielsweise die durchschnittlichen Preise für Sensoren aller Art in den letzten zehn Jahren um den Faktor 2,5 gesunken, Tendenz weiter sinkend. Die Prozessorkosten sind im gleichen Zeitraum im Schnitt um das 60-fache gefallen, die durchschnittlichen Serverkosten um das 20-fache. Die Leitungskosten für mobile Datennetze sind in diesem Zeitraum um 90 % gesunken. Es ist ein Trugschluss zu glauben, dass die eher langsame beziehungsweise sich linear vollziehende Veränderungsgeschwindigkeit der Vergangenheit sich in der Zukunft fortsetzen wird. Wir werden zukünftig deren zunehmende Beschleunigung erleben.

Zudem ist im Zeitraum der letzten zehn Jahre die breite Marktakzeptanz der Verbraucher oder die Marktdurchdringung bei neuen digital technischen Leistungsangeboten gestiegen. Die Marktdurchdringung von Spotify veranschaulicht beispielhaft diese Entwicklung. Sie glauben das nicht? Dann sehen Sie sich die Vergangenheit an, die in der folgenden Grafik visualisiert ist.

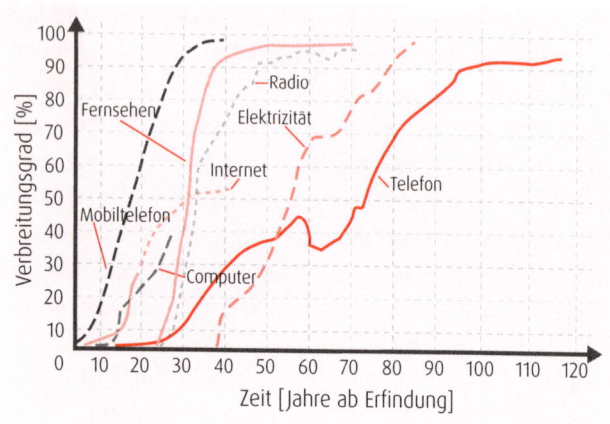

Steigerungsraten der im Markt befindlichen technischen Leistungsange-bote (Quelle: Karsten Drath, angelehnt an Peter Brimelow, »The Silent Boom«, Forbes, July 7, 1997)

Die Marktdurchdringung der hier dargestellten technischen Lö-sungsangebote hat sich immer exponentiell bis zu einem ge-wissen Sättigungseffekt vollzogen. Das exponentielle oder freie Marktwachstum wird im einfachen Fall mittels der Gleichung x2 beschrieben. Ein lineares oder gleichmäßiges Marktwachstum lässt sich demgegenüber z. B. mit der Gleichung 2x beschreiben.

Die Exponential-Kurven zur Marktdurchdringung beispielsweise bei Mobiltelefonen sind im Verlauf der Zeit zunehmend steiler angestiegen. Die Marktdurchdringung erfolgt deutlich schneller, als dies beispielsweise bei Fernsehern der Fall war.

Unternehmen sind so digital, wie Führungskräfte es zulassen und vorleben

In der Vergangenheit lag der Fokus auf der Optimierung von Prozessen, um die wirtschaftliche Leistungsfähigkeit zu steigern. Menschen spielten eine untergeordnete Rolle. Mitarbeiter waren austauschbar, weil das Expertenwissen in den Organisationen gehalten wurde. Es entstand eine Organisationskultur, in der von den Mitarbeitern Anpassung erwartet wurde. Organigramme mit klaren Hierarchiestrukturen und Statussymbolen sollten ihnen Orientierung bieten. Solche Unternehmen wurden und werden immer noch von oben nach unten geführt – und genau darin liegt heute häufig das Problem. Kluge Köpfe und fähige Mitarbeiter verlassen Unternehmen dieses Typs und gründen ihr eigenes Start-up oder sie wechseln zu bereits transformierten Unternehmen. Trägere und weniger talentiertere Zeitgenossen bleiben und warten, dass die Digitalisierung von oben angesagt wird.

Es zeigt sich, dass die aktuelle Managergeneration dazu ausgebildet wurde, die bestehenden Geschäftsmodelle zu optimieren – nicht dazu, neue Geschäftsmodelle zu entwickeln und alternative Formen der Zusammenarbeit zu organisieren. Das ist fatal, denn viele Unternehmen müssen sich aufgrund der gesellschaftlichen und wirtschaftlichen Sprengkraft der Digitalisierung neu erfinden.

Die kleine Schwester der Digitalisierung: Disruption

Wenn es um Digitalisierung geht, ist auch immer wieder die Rede von Disruption. Das Wort kommt ursprünglich aus dem Lateinischen und bedeutet »Unterbrechung«, im Englischen heißt »to disrupt« auch »zerstören«. Und genau darum dreht es sich, wenn beispielsweise von disruptiven Technologien die Rede ist: Eine disruptive Technologie ist eine Entwicklung, die eine andere komplett oder zu einem großen Teil vom Markt verdrängt. So läutete das Smartphone beispielsweise das Ende der Telefonzelle ein oder die Video-on-Demand-Portale das Ende der Videotheken.

Die gleiche disruptive Wirkung können natürlich auch Produkte, Dienstleistungen, Systeme und auch ganze Kulturen haben. Disruption gab es schon immer. So wurde beispielsweise weit vor unserer Zeit die Dampfmaschine vom Stromnetz abgelöst. Allerdings ist die Digitalisierung ein Wegbereiter für Disruption: Viele Kundenbedürfnisse lassen sich mit den Chancen und Möglichkeiten, die die Digitalisierung bietet, besser befriedigen als mit herkömmlichen Geschäftsmodellen. So geraten etablierte Unternehmen unter Druck, sich selbst neu zu erfinden, wenn sie nicht von innovativeren Wettbewerbern verdrängt werden wollen. Sie stecken in der Klemme, wenn ihre Manager die Spielregeln der digitalisierten Wirtschaft nicht gelernt haben.

Im wirtschaftlichen Zusammenhang wurde die Disruption erstmals 1997 vom US-amerikanischen Wirtschaftswissenschaftler Clayton Christensen in seinem Buch »The Innovators Dilemma« beschrieben. Clayton untersuchte, worin die Gründe dafür liegen, dass etablierte Unternehmen kleine, aber wesentliche Änderungen übersehen, die sie letztendlich vom Markt fegen. Er fand heraus, dass es die großen alteingesessenen Firmen meist nicht gelernt haben, mit disruptiven Innovationen umzugehen. Sie argumentieren lieber anhand von betriebswirtschaftlichen Grundmodellen, warum die Innovationen sich nicht rechnen werden. Die neuen kleineren Wettbewerber kommen häufig aus einer anderen Branche, nutzen neue technische Möglichkeiten und gesellschaftliche Trends, um einen besseren Kundennutzen mit dem Angebot zu liefern.

BEISPIEL: AMAZON PRIME

Amazon ist deshalb so ein erfolgreicher »Besorgungsdienstleister«, weil der Online-Gigant nicht nach den Spielregeln des tradierten Handels und großer Handelshäuser agiert. Alle Produkte, die einen Barcode haben, liefert Amazon kostenfrei, zuverlässig und sehr schnell. Zusätzlich hat das Unternehmen mit »Amazon Prime« Kundenbindungsprogramme und Zusatznutzen wie z.B. Prime Video, Lieferung am gleichen Tag, Kindle-Leihbücherei, Prime Photos in sein Angebot integriert. Marktforscher haben festgestellt, dass die Wahrscheinlichkeit, dass Prime-Mitglieder auf der Amazon-Website kaufen über 1000 % höher liegt als bei einem Besuch eines Webshops eines konkurrierenden Händlers.

Diese Innovationsblindheit etablierter Unternehmen ist ein Problem der Aus- und Fortbildung des Mitarbeiterstamms und der Manager sowie der mangelnden Vision der Eigentümer – es ist nicht so sehr ein technisches Problem!

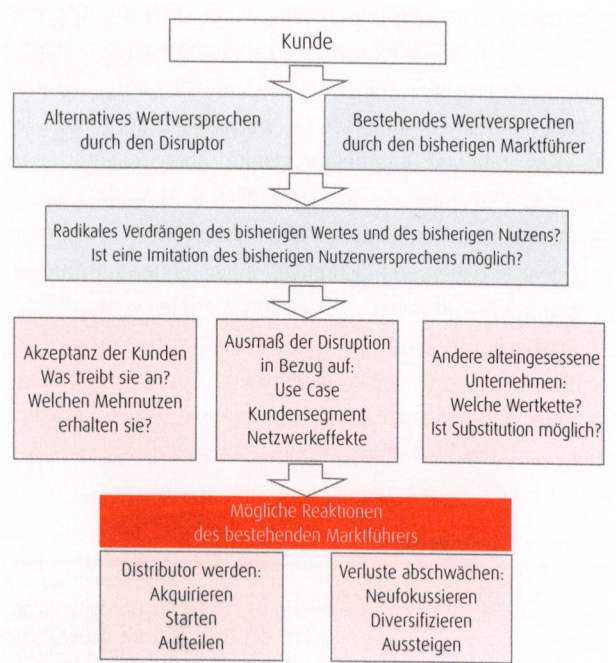

Disruption (Quelle: Rogers, »Digitale Transformation«)

Viele Unternehmen arbeiten an der Digitalisierung. Aber sie versuchen zumeist nur ihr bisheriges analoges Geschäftsmodell zu digitalisieren und wenden darauf die althergebrachten Werkzeuge und Denkmuster zur Gestaltung einer Prozess- oder Produktinnovation an. Das reicht jedoch nicht, um zukunftsfähig zu bleiben, wie viele Beispiele aus der Vergangenheit zeigen, etwa die Online-Shops etablierter Einzelhändler oder vieler Versandhandelshäuser.

Erfolgreiche echte Innovationen entstehen nicht von heute auf morgen mittels eines Geistesblitzes. Echte und nachhaltige Innovationen sind im Ergebnis die Summe der Erfahrungen aus gescheiterten Versuchen und geduldigem Optimieren mit dem klaren Ziel, das Verhalten von möglichst vielen Nutzern zu verändern. Die erfolgreiche digitale Transformation eines Geschäftsmodells bedeutet, Dienstleistungen und Produkte zu entwickeln, die das Verhalten von vielen kaufkräftigen und zahlungswilligen Menschen verändern oder sogar transformieren. Die spannende Frage lautet dabei: Ist dieses Produkt beziehungsweise diese Dienstleistung etwas, das ein Zielkunde jeden Tag mehrmals nutzen oder in Anspruch nehmen wird? Dass diese Frage nicht leicht zu beantworten ist, zeigt sich beispielsweise an Innovationen wie dem Sprachsteuerungssystem »Alexa«. Noch weiß keiner, ob sich dieses Hilfsmittel in den Haushalten durchsetzen wird. Im Fokus stehen hier die Relevanz des Produkts im Alltag der Nutzer und deren mögliche nachhaltige Verhaltensveränderung.

In der Vergangenheit stiegen die neuen kleineren Anbieter über einen günstigeren Preis mit besseren Nutzenangeboten in den Markt ein, um ihn dann grundsätzlich neu aufzurollen, wie z. B. Spotify. Die alteingesessenen Unternehmen sind, basierend darauf, zugleich mit zwei Herausforderungen im Umgang mit den aufstrebenden Wettbewerbern konfrontiert:

- Sie verlieren Stück für Stück den Kontakt zu ihren bisherigen Bestandskunden, da diese nicht mehr bereit sind, einen Aufschlag für die Weiterentwicklung des bestehenden Produktes mit einem nur vermeintlichen Mehrwert zu bezahlen.

- Vor allem in der Frühphase sind die innovativen Angebote der neuen Wettbewerber zu unbedeutend für die bestehenden Unternehmen. Diese übersehen daher den Trend oder ignorieren ihn bewusst. Wenn die neuen Angebote aber einen relevanten Mehrnutzen im Alltag der Konsumenten liefern, werden die neuen Mitbewerber in der Technologie schnell immer besser und damit für immer mehr ehemalige Bestandskunden attraktiv. Das ist eine kritische Phase, in der ein Einstieg eines im Markt bereits bestehenden Unternehmens meist nur mit Zeitverzug und mit großem Aufwand möglich ist.

> Geschäftliche Disruption tritt auf, wenn sich eine bestehende Branche einer Herausforderung gegenübersieht, die dem Kunden einen viel größeren Wert bietet, und zwar in einer Weise, mit der vorhandene Unternehmen nicht direkt konkurrieren können. *(David L. Rogers)*

Im Kern sind es also zwei Merkmale, die eine Disruption kennzeichnen:

1. Ein Wettbewerber wartet mit einer Neuerung beziehungsweise Verbesserung im Wertversprechen oder der Wertanmutung eines Produkts oder einer Dienstleistung auf.

2. Diese Neuerung oder Verbesserung ist so wesentlich und eine solche Barriere für den Wettbewerb, dass sie von diesem nicht kurzfristig wertgleich kopiert werden kann.

Disruption wird oft als Schreckgespenst, als Albtraum unserer Zeit charakterisiert. Das ist sie aber nicht. Sie ist in allen reifen und gesättigten Märkten unausweichlich und daher ein sich quasi organisch ergebendes Phänomen. Sie ist im Kern unserer wettbewerbsorientierten Märkte angelegt. Disruption führt im Ergebnis zur Konzentration auf die wesentliche Aufgabe eines jeden Unternehmens: den Kunden mit seinen Produkten und Dienstleistungen einen maximalen Nutzen zu bieten.

Ein Blick in die nahe Zukunft

Die Digitalisierung macht vor niemandem halt. Sie verändert die Gesellschaft, die Wirtschaft, die Politik und damit unser aller Leben. Es wird digitalisiert werden, was digitalisierbar ist. Wer sich dagegen sperrt, wird von der Konkurrenz auf dem Weg überholt, mag er auch noch so etabliert und alteingesessen oder sogar aktuell noch Marktführer sein. So hatten beispielsweise Nokia und Kodak Anfang der 2000er-Jahre noch höchste Werte in Bezug auf Kundenzufriedenheit und Marktführerschaft, ehe der unaufhaltsame Abstieg begann.

Es stellt sich also folglich nicht mehr die Frage nach dem »Ob«, sondern nur noch die Frage nach dem »Wann, wie, wo und von wem?«. In einigen Branchen herrscht längst der globale digitale Darwinismus: Nur derjenige, der sich am besten und schnellsten an die Herausforderungen unserer digitalen Welt anpassen kann, wird überleben. Doch was sind drei wesentlichen Treiber und Rahmenbedingungen dieses Veränderungsprozesses?

1. Neuer technischer, politischer, gesellschaftlicher und wirtschaftlicher Rahmen als sogenannte Megatrends: Unsere Umwelt verändert sich umfassend – wie auch schon vor

100 Jahren aufgrund der flächendeckenden Umsetzung der Elektrifizierung – durch steigende Mobilität, Urbanisierung, Individualisierung, steigende Gesundheit, Globalisierung, Wissenskultur, Mobilität und Zentralisierung. Der demografische Wandel wird die jungen, gut ausgebildeten Arbeitnehmer zur kostbaren Ressource in der Arbeitswelt machen. Bisherige Berufsbilder, wie z. B. das des Finanzanalysten, des Mitarbeiters am Bankschalter, Kreditsachbearbeiters, werden verschwinden. Neue Berufsbilder, wie beispielsweise das des Datenanalysten, und Tätigkeitsfelder werden sich entwickeln. Die Tendenz zur globalen und mobilen Wissensgesellschaft wird sich immer deutlicher zeigen.

2. Veränderte Ansprüche der Mehrheit der Nachfrager bzw. der Konsumenten: Nutzen statt besitzen – bereits jetzt hat in diesem Zusammenhang das Sharing-Prinzip eine große Bedeutung. Es kommt nicht mehr so sehr darauf an, Dinge zu besitzen; Nutzen und Teilen stehen im Vordergrund. Nachhaltigkeit und Ökologie spielen angesichts der Klimaveränderung und der Ressourcenknappheit zunehmend eine Rolle. Cocooning, also der Rückzug ins sichere Zuhause, wird in der als instabil und chaotisch empfundenen VUCA-Welt immer mehr zum Trend.

3. Innovationen: Sensoren und Aktoren, die massenhaft zu wirtschaftlich attraktiven Konditionen angeboten werden, werden intelligent auf verschiedene Art und Weise miteinander kombiniert. Die vorhandenen technischen Innovationen werden weiterentwickelt und verbessert; neue kommen in hoher Geschwindigkeit hinzu und lösen wiederum alte, überholte Geschäftsmodelle ab.

Grundlegende Veränderungen

Auf Basis dieser drei wesentlichen Treiber lassen sich die grundsätzlichen Änderungen als Auswirkungen der Digitalisierung wie folgt in fünf Punkten zusammenfassen:

1. Innovationen, so beispielsweise durch die intelligente Kombination von Sensoren und Aktoren

2. Neue Kundenbedarfe, neue Kundennachfragen

3. Veränderte Wertschöpfungen durch innovative Produkte und Dienstleistungen

4. Zunehmender Wettbewerb durch neue, global agierende, schnellere und intelligentere Marktakteure

5. Erschaffung und Management von unendlich verfügbaren Daten

Bedingt durch diese grundsätzlichen Entwicklungen wird die digitale Transformation mit all ihren Faktoren (siehe hierzu das Kapitel »Von Binärcodes und Mikrochips«) das Zusammenwirken zwischen

1. dem Menschen und den Maschinen,

2. dem Menschen und der Umwelt und

3. zwischen den Maschinen und der Umwelt

grundlegend verändern. In einem nächsten Schritt wird die intelligente neue Kombination der Vernetzung und Automatisierung bestehende Produkte und Dienstleistungen ersetzen.

Keiner weiß, was die Zukunft bringt. Es gilt das Sprichwort: »Erstens kommt es anders, und zweitens als man denkt.« Trendforscher können derzeit jedoch einige Tendenzen erkennen, die sich in naher Zukunft als Trends durchsetzen könnten. Im Folgenden eine kleine Auswahl daraus (Die Angaben basieren unter anderem auf YouGov/Trendforschungsinstitut TRENDONE, September 2017):

1. Die Preisfeststellung auf Märkten, also der Austausch von Ware oder Dienstleistung gegen Geld, wird mittels Algorithmen und künstlicher Intelligenz online und nahezu simultan stattfinden. Angebot trifft also zeitgleich und umgehend auf Nachfrage und umgekehrt. Dies wird die Preisgestaltung flexibilisieren und individualisieren. Verschiedenen Usern werden also zu unterschiedlichen Zeiten an unterschiedlichen Orten unterschiedliche Preise angezeigt. Die bekannte flächenweite unverbindliche Preisempfehlung wird der Vergangenheit angehören.

2. Mithilfe von Algorithmen wird die bisher direkt oder indirekt gezeigte Präferenz von Kunden bei Suchmaschinen und Online-Marktplätzen als Standard verwendet werden. Die Werbebanner und Werbemails werden zukünftig noch individueller geschaltet. Die Funktionalität »Käufer, die das kauften, kauften auch ...« wird zum Standard, und aus solchen Ergebnissen lassen sich Nachfrageprognosen mit Wahrscheinlichkeiten unterlegen und Trends sowie Nachfragewellen ableiten.

3. Online-Angebote werden immer mehr und mehr personalisiert, weil die Präferenzen der User ableitbar und vorhersehbar sind.

4. Die 3D-Drucker-Technik wird massenfähig Einzug in Privathaushalte nehmen. Da diese Technik Bedien- und Wartungskompetenz erfordert und die Geräte sich zumeist nur bei einem gewissen Grunddurchsatz lohnen, werden analog zu Fotodruckern 3D-Druckstationen entstehen.

5. Computersicherheit und Datenschutz werden vereinfacht und optimiert und zum Mindeststandard werden.

6. Alltagsgegenstände werden Features der künstlichen Intelligenz enthalten, so z. B. der Kühlschrank, der Meldung gibt, wenn Lebensmittel nachgekauft werden müssen.

7. Phygitale Produkte: Tageszeitungen oder Fernsehprogramme werden auf Tische oder sonstige Unterlagen projiziert. Bedienungsanleitungen zu realen Produkten sind mittels Datenbrillen interaktiv verfügbar.

8. Intelligente persönliche Assistenten: Ein Thermomix® kann sich zum Kochroboter weiterentwickeln; der Saugroboter wird zukünftig auch Fenster putzen können.

Und dann? Der Blick in die Glaskugel

Doch was kommt dann? Es gibt nach derzeitigem Stand fünf erkennbare Eckpfeiler, auf denen die Innovationen der Zukunft basieren werden:

1. Sensoren, günstiger und leistungsfähiger

2. Aktoren, günstiger und leistungsfähiger

3. Leistungsfähigere und schnellere Daten-Netze

4. Nahezu unendliche Speicherkapazitäten

5. Immer leistungsfähigere Rechner zu günstigeren Preisen mit geringerem Energieverbrauch

Dieses Fundament wird wiederum zu Veränderungen und neuen Produkten, Services und Berufsbildern führen. Einblicke in dieses digitale Zukunftsszenario gibt es bereits jetzt.

Digitale Zukunftsszenarien		
Künstliche Intelligenz und mentale Gesundheit	https://youtu.be/ DnYUNQVcVnI	
Sehhilfen nutzen künstliche Intelligenz	https://youtu.be/ c0o0myb7Te4	
Makroskopie hilft uns, globale Zusammenhänge durch die unendliche Fülle ihrer Details besser zu verstehen	https://youtu.be/ qKMugpYD6tA	
Chips erkennen Krankheiten auf Nanoebene	https://youtu.be/ TaOOb89ilYk	

»Prognosen sind schwierig, vor allem, wenn sie die Zukunft betreffen.«
(Zitat unbekannten Ursprungs)

Auf einen Blick: Digitalisierung – was ist das überhaupt?

- Die Wurzeln der Digitalisierung liegen in der Erfindung des Binärcodes und des Mikrochips. Seitdem wandelt sich unsere analoge Welt rasant und unaufhaltsam in eine digitale um.

- Transformationen dieser Art sind nicht neu. Bereits die Elektrifizierung hatte ähnlich weitreichende Auswirkungen auf unser Leben und unseren Alltag.

- Vielen macht die Digitalisierung Angst. Diese Angst vor dem Neuen lässt sich durch Aufklärung und die Auseinandersetzung mit den Auswirkungen der neuen technologischen Entwicklungen reduzieren.

- Digitalisierung geht uns alle an. Sie gelingt nur, wenn alle Beteiligten an einem Strang ziehen.

Wie Sie das Beste aus der Digitalisierung machen

Digitalisierung betrifft jeden Einzelnen von uns. Sie bestimmt unser Berufs- und Privatleben gleichermaßen. Dank Smartphones und Internet sind wir nun »always on«, künstliche Intelligenz ersetzt zunehmend unsere Jobs und permanente Neuentwicklungen in rascher Folge verlangen Flexibilität. Wie gehen Sie mit alldem um?

In diesem Kapitel erfahren Sie unter anderem, wie Sie

- digital »um-lernen« und »voraus-denken«,
- davon in Karriere und Beruf profitieren,
- Ihre ganz persönliche Digitalisierungsstrategie entwickeln.

Digitalisierung geht uns alle an

Keine Panik, Digitalisierung tut nicht weh. Um die digitale Transformation nicht nur irgendwie zu überleben, sondern vielmehr aktiv und ganz bewusst zu gestalten, bedarf es einer grundsätzlichen Anpassung der Denk- und Handlungsmuster und den Mut, in der Vergangenheit erlernte Verhaltensweisen auszuschalten und sich komplett neu aufzustellen. Denn die Umsetzung der Digitalisierung stellt alles Bisherige infrage und zwingt zu Veränderungen unbekannten Ausmaßes. Nichts bleibt, wie es ist!

Zu Beginn eines jeden Veränderungsprozesses steht die Frage, ob man die Veränderungen für sich selbst annehmen und akzeptieren kann und will. Die Entwicklungen der Digitalisierung lassen sich nicht wegwischen. Sie vergehen auch nicht wie ein Schnupfen. Wir können nicht davor weglaufen. Wohin auch? Die ganze Welt ist mittlerweile digitalisiert, auch in den entlegensten Winkeln. Wir erleben und leben ein »Digilife«.

> Die Zukunft gehört denen, die die Möglichkeiten erkennen, bevor sie offensichtlich werden. (Oscar Wilde)

Rückzug ist also nicht die richtige Strategie. Wir müssen uns auf die Digitalisierung und den damit verbundenen laufenden Veränderungsprozess einlassen. Es reicht nicht mehr, das Geschehen vom Spielfeldrand aus zu verfolgen. Wir sollten die Rolle als Zuschauer mit der des aktiven Spielers tauschen. Der Umgang mit den Möglichkeiten der Digitalisierung muss selbstverständlich werden, so selbstverständlich, wie wir heutzutage mit den Möglichkeiten der Elektrizität umgehen.

Die Digitalisierung erfordert in nahezu allen Berufsbildern mehr technologisches Grundlagenwissen. So müssen beispielsweise Controller verstehen, wie und wie schnell sich die Umwelt technologisch verändert, um die Umweltentwicklungen mit den Ausgangslagen im Unternehmen in Beziehung setzen zu können. Können sie das nicht, zählen sie nur die Vergangenheit mit eindimensionalen analogen Geschäftsmodellen und verpassen die Impulse zur notwendigen Anpassung des Outputs des Unternehmens. Ebenso sollten Ingenieure die zunehmende Komplexität der Umwelt und der neuen Technologien bereits in der Konstruktionsphase eines Produkts berücksichtigen.

Dieses technologische Verständnis ganz alleine und ohne fachlichen Input von außen zu entwickeln, ist nahezu unmöglich. Partnerschaftliche Zusammenarbeit auf Augenhöhe und Allianzen auch mit ehemaligen Konkurrenten werden daher immer wichtiger. Die Fähigkeit, schnell vertrauensvolle Partnerschaften für einen begrenzten Zeitraum zu einem klar definierten Projekt aufzubauen und genauso schnell auch wieder abzubauen, wird eine Kernkompetenz des Managements in einer digitalen Welt werden.

> Wir müssen im Unternehmen ja sowieso denken und handeln. Warum dann nicht gleich im Sinne des Kunden?

Ob es uns nun gefällt oder nicht, wir leben in einer VUCA-Welt, die geprägt ist von Unsicherheit, Komplexität, Mehrdeutigkeit und Unberechenbarkeit. Die Planbarkeit, die noch das Leben unserer Eltern beherrschte, gibt es nicht mehr. Spätestens seit der Erkenntnis, dass auch Lebensversicherungen nicht den erhofften risikolosen Planertrag erbringen, begreifen wir mehr und mehr, dass sich unsere Umwelt und die Rahmenbedingungen für das Berufsleben nicht zuletzt wegen der Digitalisierung stetig ändern.

Also bleibt uns nichts anderes übrig, uns mit Digitalisierung auseinanderzusetzen. Wir sollten ihre Wirkungen und Auswirkungen kennen, um die Herausforderungen, die sie an uns stellt, zu managen und zu meistern. Doch welche Auswirkungen hat sie auf das Leben einzelner? Die Antwort lautet: enorm viele – und sie fangen bereits in der Kindheit an. Mittlerweile gibt es Stimmen, die bezweifeln, ob unsere Kinder in der Schule gut auf das digitale Zeitalter vorbereitet werden. Lernen sie dort die richtigen Dinge und eignen sie sich dort die richtigen Fähigkeiten an?

Ausbildungs- und Berufswahl

Weiter geht es mit der Wahl der Ausbildung und des Berufes. Auch hier spielt die Digitalisierung eine erhebliche Rolle. Gibt es das Berufsbild, auf das man sich mit der Ausbildungswahl festlegt, in zehn oder 20 Jahren überhaupt noch? Fällt es vielleicht disruptiven Technologien zum Opfer oder wird es sogar von Robotern abgelöst?

Und auch im Berufsleben selbst ist die Digitalisierung allgegenwärtig: Lebenslanges Lernen ist angesagt, wenn man auf dem neuesten Stand der Technik bleiben und mit den Digital Natives mithalten will. Wohl kaum jemand wird künftig mit dem beschäftigt sein, was er mal gelernt hat. Flexibilität ist gefragt, denn es kann sein, dass das eigene Berufsbild bei der nächsten disruptiven Innovation wegfällt oder das Unternehmen, in dem man arbeitet, von der nächsten Digitalisierungswelle überrollt wird.

Welche Jobs und Karrieren sind trotz oder gerade aufgrund der digitalen Transformation auch in der Zukunft sicher? Es lohnt sich in diesem Zusammenhang, zunächst über die Grenzen der Digitalisierung nachzudenken, um die Zukunftsfelder der menschlichen Beschäftigung auszuloten. Welche Kompetenz lässt sich also nicht durch künstliche Intelligenz oder mit technologischen Innovationen ersetzen? Welche Kompetenzen sind gefragt, die es so in dieser Form heute noch nicht gibt? Hier sind Fantasie und Kreativität gefordert und ein Stück Weitblick.

Ein mögliches Beispiel für ein neues Berufsbild ist das des »Kundenverstehers«, der relativ präzise eine Landkarte der aktuellen Kundenwünsche pro Zielgruppe und Bedarfsszenario zeichnen kann. Dieses neues Berufsprofil wird branchenübergreifend entstehen und Schritt für Schritt weiterentwickelt werden. Diese Kundenversteher sind die Nabelschnur zur Umwelt und eine Art Zukunftsversicherung für Unternehmen und deren Mitarbeiter. Sie sind es auch, die zum Beispiel genau beschreiben können, warum und wo sich ein Mix aus digitalen und analogen Vertriebskanälen anbietet, so etwa, ob es neben dem Online-Angebot Filialgeschäfte als Anlaufstellen für die Zielgruppen geben soll, um damit die persönliche Beziehungspflege sicherzustellen und Kunden zu binden.

> Zitat aus der Stellenanzeige eines Handwerksbetriebs: »Du bist nicht komplett digital verpeilt und hast noch einen Bezug zur realen Welt und deren Herausforderungen. Du kannst eine analoge Uhr lesen. Musst nicht alle 3 Minuten eine Whatsapp schreiben oder sprechen oder Facebook checken. Beherrscht mehr als die Wischtechnik deines Smartphones, wie z. B. Grundrechenarten ... falls ja ... dann bewirb Dich bei ... gerne per E-Mail oder Whatsapp. Wir laden dich dann zum Skype-Erstgespräch ein ...«

Die Grenzen der Digitalisierung – der Mensch bleibt analog

Die menschliche Intelligenz war es, die all die hochentwickelte Technik wie beispielsweise Hochleistungscomputer und Smartphones mit ihrer intuitiv bedienbaren Wischtechnik, Gesten- und Sprachsteuerung möglich gemacht hat. Und Menschen sind es auch, die die Grenzen der Digitalisierung setzen. Die folgende Aufzählung zeigt solche Fähigkeiten, die ausschließlich dem Menschen vorbehalten sind.

- Die Kompetenz, eigenständig neue Muster und Trends zu erkennen, die auf Intuition und Gefühl beruhen.

- Die Kompetenz, neue Lösungsansätze zu kreieren.
- Die Kompetenz, komplex zu kommunizieren.
- Die Kompetenz, physisch mit anderen in Kontakt zu kommen.
- Die Kompetenz, ein einfühlsamer Gastgeber zu sein.
- Die Kompetenz, Empathie zu zeigen und zu vermitteln.

Wir haben als Individuum bei der Wahl unseres zukünftigen Berufs oder des nächsten Karriereschritts zwei Handlungsoptionen:

1. Wir können eine Tätigkeit wählen, die nicht oder nur sehr eingeschränkt digitalisierbar ist. Jobs in der Pflege und Betreuung von Menschen und Tieren wird es beispielsweise immer geben. Auch komplexe Beratungsleistungen oder handwerkliche Tätigkeiten beim Kunden vor Ort sind nur schwer digitalisierbar.

2. Alternativ können wir uns eine Tätigkeit aussuchen, die schwerpunktmäßig die Werkzeuge und Vorteile der Digitalisierung entwickelt, sie nutzt und anwendet oder »ins Verdienen bringt«. Hier haben sich in jüngerer Vergangenheit komplett neue Berufsbilder entwickelt, so beispielsweise das des Daten-Analysten, des Web Designers, des 3D-Konstrukteurs, des Game-Consultants etc.

Auf dieser Basis beschreibt der IT-Stratege Ingo Radermacher das zukünftige Verhältnis zwischen Unternehmen und Mitarbeitern: »Nicht Unternehmen haben Mitarbeiter. Sondern Mitarbeiter haben Unternehmen.«

Skizze einer zukünftigen Arbeitswelt

Die Arbeit, die Menschen zukünftig noch ausführen werden, wird sich künftig aufteilen zwischen zwei Typen von Mitarbeitern: Es wird die vernetzten, kommunikativen Generalisten geben, die das gesamte Projekt oder Unternehmen im Fokus haben, und zum anderen die hochspezialisierten Fachleute, die flexibel im Unternehmen und auch außerhalb zur Wertschöpfung eingesetzt werden.

Dauerhafter Erfolg in einem zunehmend härter werdenden Wettbewerb wird sich nur dann einstellen, wenn das Zusammenspiel zwischen diesen beiden Mitarbeiter-Gattungen funktioniert. Dies sicherzustellen wird die Aufgabe der Unternehmens-Leader sein. Das Management der Zukunft wird sich in Richtung der Steuerung eines jeden Mitarbeiters hin zur eigenverantwortlichen Arbeit entwickeln. Die zukünftigen Manager oder Leader werden die Rahmenbedingungen gestalten müssen, damit der Einsatz von Human-Intelligenz und -Erfahrung erfolgreich gelingt.

> Ohne Phantasie keine Kreativität!
> Ohne Kreativität keine Weiterentwicklung!

Die immer stärkere Vernetzung unter den Mitarbeitern wird dazu führen, dass sich neue Formen der Zusammenarbeit im Unternehmen auf einer anderen kulturellen Stufe ergeben. Ehrlichkeit und Vertrauen werden dabei wegen der größeren Transparenz der Handlungen und Äußerungen eine große Rolle spielen.

Die Vernetzung führt auch zu einem stärkeren Wettbewerbsdruck im sogenannten War for Talents, dem Kampf um besonders qualifizierte und talentierte Mitarbeiter. Berufliche Netzwerke und damit auch Kontakte zu neuen potenziellen Arbeitgebern lassen sich dank Collaboration Hubs, Coworking Spaces etc. immer leichter knüpfen. Einhergehend mit der Überalterung unserer Gesellschaft können sich diese Fachkräfte künftig aussuchen, wo sie arbeiten.

Aufgrund der zunehmenden Vernetzung wird Expertenwissen immer schneller und gezielter abrufbar und kann leichter für die eigenen Zwecke eingesetzt werden. Die Fortentwicklung der sogenannten künstlichen Intelligenz (KI) wird diesen Trend der Überall-Verfügbarkeit von Daten, Fakten und Wissen beschleunigen.

Regelungs- und Steuerungsherausforderungen werden durch KI künftig besser und schneller bewältigt werden können. KI ist heute schon in der Lage, komplexe und auch parallel laufende Aufgaben nach vorgegebenen Regeln, die sich permanent selbstständig optimieren, zu steuern und weiterzuentwickeln.

Es gibt jedoch menschliche Kompetenzen, die mit KI nicht ersetzt werden können. So wird beispielsweise Erfahrung in der Umsetzung zum USP von Fachleuten und Unternehmen. Die Forschungen um KI werden weiterhin kontinuierlich versuchen, komplexe menschliche Leistungen, wie das Verstehen von Bildern und Sprache, das eigenständige Lernen und Ziehen von Rückschlüssen, auf Computer zu übertragen. Bei Menschen basiert die emotionale und soziale Intelligenz auf biologischen Prozessen. Diese werden künstliche Systeme nicht einmal annähernd ersetzen können. Auch die einmalige und überlegene menschliche Sensorik und Motorik mit ihrem feinfühligen Tastsinn und der Beweglichkeit von menschlichen Gliedmaßen ist von Computern zumindest mittelfristig nicht in der Qualität kopierbar. Zudem wird dies kaum wirtschaftlich rentabel umzusetzen sein. Daher werden Berufe, bei denen es auf Erfahrung und Einfühlungsvermögen ankommt, auch in einer zunehmend digitalisierten Arbeitswelt eine Zukunft haben. So wird es beispielsweise erfahrene Handwerker, die beim Kunden Reparaturaufträge ausführen, und kompetente und empathische Berater, die Leistungsangebote und Kundenlösungen übersetzen können, auch künftig geben. Die Arbeitsinhalte, die nicht von Computern übernommen werden können, die ein hohes Maß an Empathie, Kreativität, Emotionalität benötigen, werden an Wert und Wertschätzung gewinnen. Und erst dann wird die »Verwaltung« von Menschen besser bezahlt werden als die Verwaltung von Kapital und Maschinen. Eine Hoffnung für Kindergärtner, Altenpfleger, Krankenschwestern, Jugendarbeiter etc.

Das Modell VOPA+

Um in dieser sich verändernden Arbeitswelt eine zeitgemäße Führungskultur zu beschreiben, hat der Digital-Experte Dr. Willms Buhse im Jahr 2014 das Modell VOPA+ entwickelt.

Modell VOPA+		
V	Vernetzung	Kontakte über die bestehenden sozialen Netzwerke und Kanäle zu knüpfen und möglichst diejenigen zusammenzubringen, die optimal zur Lösung eines Problems beitragen – darum geht es bei der Vernetzung.
O	Offenheit	Offenheit meint Transparenz in Informationsflüssen. Nur derjenige, der alle Informationen hat, kann konstruktiv gemeinsam mit anderen an einer Problemlösung arbeiten.
P	Partizipation	Die Mitarbeiter sollen in Entscheidungen, die sie betreffen und die für sie relevant sind, miteinbezogen werden.
A	Agilität	Agilität steht für eigenverantwortliches und selbstorganisiertes Arbeiten sowie eine Fehlerkultur, die Fehler als Chance sieht.
+	Vertrauen	Vertrauen in sich selbst und die Mitarbeiter zu haben, heißt, auch loslassen zu können.

Vertrauen, das durch das Plus symbolisiert wird, ist die Basis für beschleunigte Veränderungsprozesse und abnehmenden Regelungsumfang, sinkende Bürokratie und kontinuierliche Leistungsbereitschaft.

Wer als Führungskraft in der zukünftigen Arbeitswelt bestehen will, sollte die folgenden Faktoren nie aus den Augen verlieren:

- Sicherung der Qualität im Kundensinne

- Vertrauen als Grundvoraussetzung für echtes Miteinander

- Mut zur Kreativität

- Steigerung des Kundennutzens und der Effizienz

Umlernprozesse bei den Älteren

Alles ist im Fluss, Veränderungen sind an der Tagesordnung. Lebenslanges Lernen ist angesagt. Wer sich auf seinen Erfahrungen und seinem Wissen ausruht und darauf hofft, einfach wie bisher weitermachen zu können, läuft Gefahr, seinen Job zu verlieren. Dies betrifft auch ältere Arbeitnehmer, die nur noch 10 bis 15 Jahre arbeiten, also Menschen im letzten Viertel ihrer Erwerbsbiografie. Auch sie müssen den raschen Wandel noch bewältigen. Diese Generation muss teilweise noch einmal neu lernen, da sich ihre Berufsbilder (Bankkaufmann, Mechatroniker, Lehrer etc.) radikal verändern. Die Betroffenen müssen Angebote zum Um- und Nachlernen erhalten, um nicht in Resignation und/oder eine Verweigerungshaltung zu fallen.

In welcher digitalen Unternehmenskultur werden wir zukünftig arbeiten?

Oben ist es bereits angeklungen: Zukünftig wird sich der sogenannte War for Talents noch verstärken. Kluge Köpfe und High-Performer werden sich wirtschaftlich stabile erfolgreiche Unternehmen aussuchen, die ihre Arbeitskräfte gut bezahlen können. Doch was macht Unternehmen im Zeitalter der Digitalisierung erfolgreich und damit attraktiv für potenzielle Mitarbeiter? Neben der richtigen Strategie und Ausrichtung sowie wirtschaftlichen Aspekten spielt als Erfolgsfaktor sicherlich zu einem großen Teil auch die Unternehmenskultur eine entscheidende Rolle. Eine solche Arbeitskultur zeichnet sich durch folgende acht Aspekte aus:

1. **Kundenorientierung:** Erfolgreiche Unternehmen leben, um dem zunehmenden Wettbewerbsdruck Rechnung zu tragen, eine stringente Kundenorientierung. Im Zentrum des Denkens und Handelns wird der Kunde mit seinen Wünschen und Bedarfen stehen. Lösungen werden in enger Abstimmung mit den Kunden quasi online mittels digitaler Responsetools entwickelt und in die Produkte und Dienstleistungen integriert.

2. **Unternehmergeist:** Da Produktlebenszyklen immer kürzer werden und der Veränderungsdruck des Marktes steigt, geht es nicht ohne Unternehmergeist, der sich nicht nur im Management, sondern in Mitarbeiterkreisen entwickelt.

3. **Vertrauens-, Gestaltungs- und Entscheidungsspielraum:** Der notwendige Unternehmergeist wird sich nur entwickeln, wenn den Mitarbeitern und Teams ein großer Vertrauens-, Gestaltungs- und Entscheidungsspielraum eingeräumt wird. Dazu gehört es, Arbeitszeiten und -orte flexibel und im Einklang mit dem Privatleben wählen zu können. Die Zeiten der autoritären Anweisungen von oben nach unten sind vorbei.

4. **Kollaboration:** Auf Basis der oben genannten Rahmenbedingungen wird die Erkenntnis reifen, dass kein Experte und kein Unternehmen alles perfekt kann. Das wird wegen des Wettbewerbsdrucks in den Märkten zu neuen Formen der Zusammenarbeit über Bereichs- und Unternehmensgrenzen hinweg führen.

5. **Agilität:** Prozesse, Produkte und Dienstleistungen werden kurzfristig an die Anforderungen des Marktes angepasst werden, ohne dass irgendjemand im Unternehmen den permanenten Wandel infrage stellen wird. Agilität wird ganz selbstverständlich zur Maxime des unternehmerischen Handelns.

6. **Digitale Technologien und digitalisierte Prozesse:** Entscheidungen werden auf Basis von qualifizierten Echtdaten getroffen; der Austausch von Informationen erfolgt online. Digitale Technologien werden in Unternehmen flächendeckend zur Organisation des Betriebsablaufs eingesetzt. Man hält permanent Ausschau nach neuen technischen Lösungen, die eventuell für das Unternehmen relevant werden können. Eine Endausbaustufe ist nicht in Sicht.

7. **Innovationsfreude:** Neue technische Entwicklungen werden mit Innovationsfreude als etwas Positives angenommen, weiterentwickelt und eingesetzt. Permanentes Lernen der Organisation und der Mitarbeiter wird als etwas ganz Selbstverständliches angesehen.

8. **Digital Leadership und digitales Mindset:** Ein partnerschaftlicher Führungsstil schafft den Boden für eine Unternehmenskultur, in der die Digitalisierung mit all ihren Auswirkungen gemeinsam und konstruktiv angepackt wird. Die Führungskraft ist der Coach, der seine Mitarbeiter dabei unterstützt und begleitet.

Je ausgeprägter diese digitalen Kulturfaktoren sind, umso erfolgreicher sind die betreffenden Unternehmen, was sie wiederum attraktiv für die umworbenen High Potentials macht.

Ihre persönliche Digitalisierungsstrategie

Der Digitalisierung kann sich niemand entziehen – man hat nur die Wahl, in welchem Umfang man sie und ihre Wirkungen und Auswirkungen in sein Leben lässt.

Umdenken!

Wenn wir uns für einen aktiven Umgang mit der Digitalisierung entscheiden und damit Wertschöpfung leisten und sie zum Bestandteil unseres ganz persönlichen Geschäftsmodells machen wollen, benötigen wir einen digitalen Blickwinkel und eine ebensolche Rundumsicht als Anwender und Gestalter. Das bedeutet ein Um- und Vorausdenken in drei wesentliche Richtungen. Es gilt,

- unsere Anwendungskompetenz in puncto Digitalisierung zu steigern. Das umfasst unter anderem die Beherrschung von solchen Softwareprogrammen, Netzwerken und solcher Hardware, die wir im Privat- und Berufsleben brauchen. Hier ist beispielsweise das Bildungsangebot der ECDL Stiftung zu empfehlen. Der Europäische Computerführerschein, den man dort

in mehreren Lernmodulen erwerben kann, ist der internationale Standard für die Entwicklung digitaler Kompetenzen. In Deutschland wird die sog. European Computer Driver Licence, kurz ECDL, von der Gesellschaft für Informatik e.V. und der DLGI-Dienstleistungsgesellschaft für Informatik mbH weiterentwickelt und umgesetzt (siehe https://www.ecdl.de/start.html).

- unsere Kenntnisse zu gesellschaftlich und kulturellen Wirkungen der Digitalisierung zu vertiefen. Informieren Sie sich also, welche Folgen sie in Ihrem Bereich auf die Aus- und Fortbildung, auf den Job, die Informationspolitik, Geschäftsmodelle etc. hat. Hier empfiehlt es sich beispielsweise, einen Blick auf die im Anhang genannten Podcasts und Blogs zu werfen. Er setzt sich für eine kompetente Weiterentwicklung der digitalen Grundfähigkeiten von Pädagogen ein und bietet entsprechende Weiterbildungspakete an. Zudem bieten sich die im Kapitel »Literatur« genannten Buchempfehlungen und der zu diesem Buch korrespondierende YouTube-Channel an.

- unser Wissen über technologische Möglichkeiten, Voraussetzungen und Anwendungen der Digitalisierung zu erweitern, z.B. in puncto IT-Technik oder neue Anwendungen und Technologien etc.

Zudem wird es auch zukünftig notwendig sein, über Grundlagenwissen beispielsweise in Mathematik, Physik, Logik, Sprachen, Philosophie, Kunst, Geschichte etc. zu verfügen. Dieses Basiswissen ist auch in einer digitalisierten Welt unverzichtbar.

Zwar kann man jetzt alles, was man wissen will, googeln und im Internet nachlesen. Wenn uns allerdings der Bezugsrahmen für dieses Wissen fehlt, können wir es nicht einordnen und mit anderen wichtigen Aspekten in den notwendigen Zusammenhang bringen. Die Begriffe und Inhalte sind dann inhalts- und bezugsleer und bringen uns nicht weiter.

BEISPIEL: KOORDINATENSYSTEM

Nehmen wir beispielsweise die Koordinaten 7′54″15‴ 49′57″55‴. Ohne die Kenntnis des Systems von Längen und Breitengraden und ohne das Wissen, dass man einen Start- und einen Zielpunkt benötigt, um eine Wegstrecke anhand von Koordinaten berechnen zu können, bleibt diese Information aus dem Netz ohne Bezug und Informationsgehalt.

Doch Grundlagenwissen allein reicht nicht aus. Lernen ist angesagt, und zwar lebenslang. Das gilt für alle: Angestellte wie Selbstständige und Arbeitnehmer. Der stetige Wandel verlangt eine permanente Aktualisierung des eigenen Wissens – und zwar in Selbstverantwortung weit über betriebliche Weiterbildungsangebote hinaus.

Die Trial-and-Error-Methode

Auch zukünftig werden wir es bei schnellen Umfeldveränderungen mit chaotischen Rahmenbedingungen zu tun haben. Die beste Vorgehensweise ist hier »Versuch und Irrtum«. Um diesen Prozess effizient zu gestalten, ist ein schlankes und innovatives Testing hilfreich.

Tipps zur Gestaltung eines Testdesigns

Tests sollten möglichst einfach und preiswert gestaltet werden.

Definieren Sie genau, was Sie wann bei wem in welchem Kontext testen wollen.

Testen und probieren Sie es erst einmal selber. Fangen Sie zunächst mit den Grundlagen an. Beispiele: Ist das zu testende Gerät an den Strom angeschlossen? Sind die Rahmenbedingungen und Voraussetzungen zum erfolgreichen Einsatz (z. B. LTE-Empfang) überhaupt beim User vorhanden?

Achten Sie auf die Aussagekraft und die Repräsentativität der Stichproben.

Dokumentieren Sie die Ergebnisse genau, um präzise Erkenntnisse zu gewinnen und um später eine Lernkurve herausarbeiten zu können.

Tipps zum (Über-)Leben in VUCA-Zeiten

Sie leben in einer Zeit, die nicht zuletzt aufgrund der digitalen Transformation geprägt ist von permanenten Veränderungen. Das können Sie nicht ändern, Sie können aber lernen, mit dem Wandel umzugehen.

1. Bleiben Sie am Ball: Informieren Sie sich kontinuierlich über digitale Entwicklungen, die für Ihren Job oder Ihr Privatleben relevant sind.

2. Bleiben Sie neugierig. Interessieren Sie sich für Veränderungen! Dieses Interesse aufzubringen ist einfach, wenn Sie sich vor Augen führen, dass die nächste digitale Neuerung vielleicht auch Ihr Privatleben oder/und Ihren Job schöner, besser und leichter macht.

3. Finden Sie für sich auf Basis dieser Erkenntnis ein Gleichgewicht zwischen Stabilität (was bleibt) und Agilität (was sich verändert).

4. Sie sind nicht allein. Andere haben ebenfalls so ihre Schwierigkeiten mit dem ständigen Wandel. Netzwerken Sie und tauschen Sie sich aus! Profitieren Sie vom Know-how der anderen.

5. Bringen Sie sich aktiv in den Veränderungsprozess ein und geben Sie Ihre Erfahrungen in öffentlichen Foren oder Wissensdatenbanken weiter.

6. Haben Sie Mut, sich ab und an neu zu erfinden. Wechseln Sie Ihre Aufgabe im Unternehmen oder den Job, so oft es im Lebenslauf vertretbar ist. Das bringt neue Erfahrungen und trainiert den Umgang mit Veränderungen.

7. Organisieren Sie sich und nutzen Sie digitale Werkzeuge wie Cloud-Dienste, Online Tools etc. Die Beschäftigung mit neuen Tools hilft, zunehmend mehr digitale Kompetenz zu entwickeln.

Seien Sie flexibel – vergleichbar mit einem Bambus: Er biegt sich, wenn Stürme toben, aber er bricht nicht. Und vergessen Sie nicht: Es ist Ihre aktive Entscheidung, ob Sie Veränderungen annehmen wollen oder nicht! Sie hatten sich doch für den Weg entschieden, unausweichliche Veränderungen aktiv anzunehmen, oder?

Auf einen Blick: Wie Sie das Beste aus der Digitalisierung machen

- Heutzutage leben wir in einer Welt, die geprägt ist von Unsicherheit, Komplexität, Mehrdeutigkeit und Unberechenbarkeit.

- Diese sogenannte VUCA-Welt bestimmt unsere Ausbildungs- und Berufswahl und unser Berufsleben.

- Der stetige Wandel erfordert eine permanente Aktualisierung des eigenen Wissens – und zwar in Selbstverantwortung weit über betriebliche Weiterbildungsangebote hinaus.

- Die Digitalisierung verlangt nicht nur von den Unternehmen Anpassungsfähigkeit und Innovationsbereitschaft. Auch der Einzelne ist gefordert, diesen Wandel mitzugestalten.

Digitalisierung in Unternehmen

Die Digitalisierung wird an keinem Unternehmen spurlos vorbeigehen. Nichts wird bleiben, wie es war. Einfach abzuwarten, was passiert, ist hier sicherlich nicht der richtige Weg. Doch was tun und in welchem Umfang?

In diesem Kapitel erfahren Sie unter anderem,

- wie Sie die richtige Digitalisierungsstrategie finden,

- welche Stellschrauben es dafür gibt,

- wie die Erfolgsfaktoren digitaler Geschäftsmodelle lauten.

Vom Wissen zum Handeln

Die unaufhaltsame Umsetzung der Digitalisierung wird die bestehenden Wertschöpfungsprozesse in den Unternehmen grundlegend verändern. Darauf müssen sich Unternehmen gleich welcher Größe und Branche einstellen. Sie müssen rechtzeitig reagieren, und zwar bereits dann, wenn es ihnen noch gut geht und das bisherige Geschäftsmodell noch trägt. Die Erfahrung zeigt, dass langjährig erfolgreiche Geschäftsmodelle im Falle von kurzfristig auftretenden disruptiven Wettbewerbern eine harte und steile »Abrisskante« haben können.

Digitalisierung: viel mehr als nur neue Software

Bedingt durch die neuen technisch-digitalen Möglichkeiten entstehen vielerlei neue Chancen für Geschäftsmodelle. Den Unternehmen eröffnet sich damit der Handlungsspielraum, die bisher ungenutzten Potenziale zu heben und in zusätzlichen Kundennutzen weiterzuentwickeln. Zugleich verändern sich die gesellschaftlichen Rahmenbedingungen und die Ansprüche der Zielgruppen. Auch darauf sollten Unternehmen dynamisch reagieren. Aus einer Meta-Perspektive betrachtet ist es das Zusammenspiel von drei wesentlichen Faktoren, die Unternehmen auch zukünftig erfolgreich machen:

- eine zukunftsgerichtete digitale Kultur,
- eine an die veränderten Rahmenbedingungen angepasste Strategie und

- eine Organisation, die es zulässt, dass sich das Potenzial der Digitalisierung im Unternehmen entfaltet und gleichzeitig das noch laufende und ertragreiche bisherige Geschäftsmodell weiter qualitativ betreibt.

Doch wie kann die Umsetzung der Digitalisierung in den Unternehmen gelingen? Man könnte darauf antworten: Wer die Ausgangslage und das Zielbild kennt, kann auch den Umsetzungsweg beschreiben. Aber ist die Umsetzung der Digitalisierung ein simples Change-Projekt? Ist es so einfach?

Die Digitalisierung verändert Unternehmen und ihre Beziehung zur Umwelt nicht nur eindimensional, sondern auf vielfältige Weise. Das wird gerne übersehen. Vor allem im Mittelstand werden Digitalisierungsprojekte oft vorangetrieben in dem guten Glauben, man müsse ja nur die ehemals analoge Technik digitalisieren. Häufig sind es die Alteigentümer, die den technischen und organisatorischen Aufwand (Einrichtung von Schnittstellen mit Lieferanten und Kunden, IT-Schulungen, neue Formen der Zusammenarbeit in Netzwerken, Abbau von Abteilungs-Silo-Egoismen) unterschätzen. Parolen wie »Weiter so mit digitalem Anstrich!« lassen dies offensichtlich werden.

Wird wirklich alles neu sein?

Spätestens bei der gemeinsamen Erarbeitung einer zukunftsgerichteten Digitalisierungsstrategie treten die unterschiedlichen Sichtweisen der neuen und alten Generation zutage. Die bisherige Generation an Managern stützt sich auf den Erfolg der Vergangenheit und ihre Erfahrungen, die sie gesammelt hat. Die neue, übernehmende Generation an Managern stützt sich auf die Erkenntnis, dass sich die Umwelt und die Geschäftsmodelle umfassend und immer schneller verändern werden. Beide Interessengruppen haben recht und doch muss ein Weg in die Zukunft gefunden werden.

Wer weiß, wo er hinspringen will, muss auch wissen, wo er abspringt. Es verhält sich genauso wie auf Reisen: Wenn das gemeinsame Reiseziel bekannt ist, ist es auch wichtig, von welchem Ausgangspunkt die Reise starten soll. Ist das Ziel Hawaii, ist die Wegbeschreibung vom Startpunkt New York eine gänzlich andere als vom Startpunkt Moskau.

Was ist also der gemeinsame Nenner der alten und vermeintlich neuen »digitalen« Geschäftsmodelle? Dies lässt sich am besten anhand von vier einfachen Fragen beantworten, die für bisherige wie für neue Geschäftsmodelle gelten:

1. Was ist genau unser Angebot an bestehende und potenzielle Ziel-Kunden (Wert – Angebot)?

2. Wer ist unser Kunde und wie kommuniziere ich mit ihm (welches Marktsegment bearbeiten wir)?

3. Auf welche Weise wird die Leistung erbracht und worin besteht unsere Wertschöpfung?

4. Wie wird der Umsatz generiert und wie erfolgen Transaktionen (Tausch von Leistung gegen Geld)?

Sind digitale Geschäftsmodelle demnach gar nicht so neu? Ist der Veränderungsprozess vom alten bisherigen zum neuen digitalen Geschäftsmodell also gar nicht so groß?

Digitalisierung ist Chefsache

Der erste Impuls für eine digitale Transformation sollte vom verantwortlichen Management kommen. Dies ist ein wesentlicher Faktor, damit der Umsetzungsprozess gelingt. Digitalisierung ist also zunächst Chefsache. Sie sollte daher anfangs nicht an Arbeitsgruppen oder an einen Chief Digital Officer (CDO) delegiert werden.

Das Management sollte den Mitarbeitern Orientierung geben und veränderte Rahmendaten und Wirkungszusammenhänge erläutern. Auf diese Weise unterstützt es die Mitarbeiter dabei, zu verstehen und einzusehen, dass ein Veränderungsprozess notwendig ist, dass es wichtig ist, sich mit ihm zu identifizieren, sich auf einen Dialog im Unternehmen einzulassen und eine erhöhte Lernbereitschaft aufzubauen. Der erste Schritt der Digitalisierung wird daher am besten – ganz im Sinne einer klassischen hierarchischen Struktur – als Evolution von oben nach unten eingeleitet.

Werte – Einstellungen – Prinzipien

Dieser Veränderungsprozess betrifft alle wertschöpfenden Funktionsbereiche eines Unternehmens. Wichtig ist es daher, die Werte, Einstellungen und Prinzipien eines erfolgreichen Unternehmens zu kennen, sie bei Bedarf zu aktualisieren und sie zu leben.

> Zukünftig erfolgreiche Unternehmen sind prozesssicher im Management von bisherigen, wiederkehrenden Wertschöpfungsprozessen und kultursicher im Management von Unsicherheit.

Digitalisierung ist also ein Lernprozess, dessen Ziel es ist, dass die Mitarbeiter verschiedene Ebenen durchlaufen, und zwar die Ebenen

- des Verstehens,
- des Wollens,
- der Befähigung und
- des Umsetzens.

Leider steht für diesen Prozess in den Unternehmen wegen des Wettbewerbsdrucks oft nur wenig Zeit zur Verfügung. Für die Führungskräfte bedeutet Digitalisierung, ein Unternehmen zu managen, in dem zwei Geschwindigkeiten und zwei unterschiedliche Kulturen in einem vereint sind:

- Auf der einen Seite gibt es in der Konzeption und Produktentwicklung bereits agile, kleine, schnelle Projektteams, die die Werte, Einstellungen und Prinzipien, die für eine erfolgreiche Digitalisierung wichtig sind, bereits leben.
- Auf der anderen Seite existiert eine verlässliche und prozessoptimierte Umsetzungs- oder Produktfabrik, die im Markt erfolgreiche Produkte und Dienstleistungen prozesssicher qualitativ skaliert und laufend optimiert.

Diese beiden Strömungen gilt es im Veränderungsprozess miteinander in Einklang zu bringen. Erfahrungen belegen, dass dies am besten gelingt mit einem unterstützenden Impuls von außen. Professionelle Fortbildungs- und Trainingsangebote sind wichtige Eckpfeiler und Impulsgeber einer erfolgreichen Transformation. Wenn die »Befähigung« und das »Verstehen« des Veränderungsprozesses bei den Verantwortlichen erfolgt sind, ergibt sich deren »Wollen« zumeist als logische Konsequenz.

Auf der Suche nach der richtigen Strategie

Digitale Transformation sollte im ersten Schritt im Sinne einer evolutionären Weiterentwicklung hierarchisch immer ganz oben im Unternehmen angesiedelt sein. Sie beginnt in der Management-Etage mit den wesentlichen strategischen Fragen. Angesichts der Unsicherheit und Komplexität, die die VUCA-Welt auch in die Unternehmen bringt, hilft es ungemein, die richtigen und elementaren Fragen zu stellen, um sich der passenden Digitalisierungsstrategie zu nähern:

1. In welchem Geschäft beziehungsweise welchem Markt sind wir als Unternehmen wirklich mehrheitlich tätig? Sind wir Dienstleister, Händler oder Produzent? Wie können wir unsere Rollen im Markt verändern und erweitern?

2. Was ist unser unverwechselbarer Wertschöpfungsbeitrag, unser USP (Alleinstellungsmerkmal), der von vielen Nachfragern honoriert wird beziehungsweise auch zukünftig noch honoriert werden wird? Wie können wir unseren Wertschöpfungsbeitrag im Sinne einer horizontalen Verbreiterung des Geschäftsmodells (Produktion, Direktverkauf, Service) steigern?

3. Wenn wir nicht bereits in diesem Geschäft tätig wären, würden wir auch heute noch einsteigen? Würden wir unser

Unternehmen heutzutage noch einmal neu gründen? Und wenn nicht, was sollen wir stattdessen tun?

4. Wie können wir so erfolgreich wie unser größter Wettbewerber werden?

5. Wofür (und wogegen) stehen wir als Unternehmen? Benötigen wir noch die eigenen Produktionsfaktoren?

6. Sind wir mit unserem Unternehmen für die bisherigen und zukünftigen Kunden im Markt noch relevant? Werden wir in fünf Jahren noch wichtig sein? Wie sieht es in zehn Jahren aus?

Die Antworten auf diese Fragen geben einen ersten Hinweis darauf, welche Richtung ein Unternehmen zu seiner Weiterentwicklung einschlagen sollte. Ist die Richtungsentscheidung gefallen, sind im Folgenden die veränderbaren Rahmenbedingungen als Stellschrauben zu definieren.

BEISPIEL

Wenn ein digitaler Konstruktions-Bauplan eines Gegenstandes, beispielsweise ein Ersatzteil eines Haushaltsgerätes, und ein 3D-Drucker vorhanden sind, können diese in der Kombination ein Beispiel dafür sein, wie ehemals bestehende Geschäftsmodelle digitalisiert werden können. Der Konstrukteur des Gegenstandes muss zukünftig nicht zwingend auch dessen Hersteller sein, um diesen Gegenstand im Markt anzubieten. Wir unterscheiden dabei die Wertschöpfung der kreativen Konstruktion des Gegenstandes mittels eines Programms auf einem Rechner und die Erstellung eines digitalen Modells des Gegenstands. Es folgt die wertschöpfende Funktion der Produktion eines Gegenstandes, was an unterschiedlichen Standorten zu unterschiedlichen Zeiten mittels 3D-Druck-Verfahren möglich ist. Der Gegenstand muss also nicht mehr auf Lager zentral produziert und vorgehalten werden, sondern kann nach Bedarf dezentral »on demand« erzeugt werden. Zudem ist die Distribution, also die Verteilung des Gegenstandes am Standort der Leistungserbringung zu differenzieren und der mögliche Einbau und folgende Servicefunktionen differenziert zu betrachten. In diesem Fall wird also die gesamte Produktion und Distribution eines Gegenstandes von dem ehemals einen zentralen Hersteller verlagert und Dienstleistern die Chance gegeben, Teile der Wertschöpfung zu erbringen. Die Herstellung eines Gegenstandes ist im Ergebnis nicht mehr an den Besitz von Produktionsmitteln gebunden.

Die Ressourcen zur Umsetzung der Strategien sind in den Unternehmen endlich und insbesondere bei kleineren Unternehmen eng begrenzt. Um nicht in die »Alles zur gleichen Zeit und nichts richtig machen«-Falle zu tappen und Aktionismus ohne Ergebnis zu vermeiden, ist es wichtig, neben den To-dos auch zu definieren, was nicht gemacht wird oder worauf aktuell kein Fokus liegt.

> Gute Strategien legen ebenso klar fest, was zu tun ist, wie sie auch definieren, was nicht zu tun ist.

Was bleibt, was ändert sich?

Die Digitalisierung ändert nichts an den grundlegenden Regeln und Mechanismen des Wirtschaftens und der Betriebswirtschaft. Die vom Ökonomen Joseph Schumpeter in den 1930er-Jahren herausgearbeiteten folgenden drei Aufgaben der Unternehmen werden auch durch die Digitalisierung nicht an Bedeutung verlieren:

1. Arbitrage-Funktion: Ausnutzen von unterschiedlichen Preisen auf unterschiedlichen Märkten.

2. Innovationsfunktion: Neue Produkte und Dienstleistungen entwickeln und auf den Markt bringen.

3. Koordinationsfunktion: Nachfrage bedienen und Wertschöpfung durch die Vermittlung von passenden Angeboten und Dienstleistungen erreichen.

Diese drei Grundfunktionen eines Unternehmens schaffen einen Wert und stiften einen Nutzen, der von Kunden honoriert und bezahlt wird. Damit wird ein Unternehmenswert erschaffen.

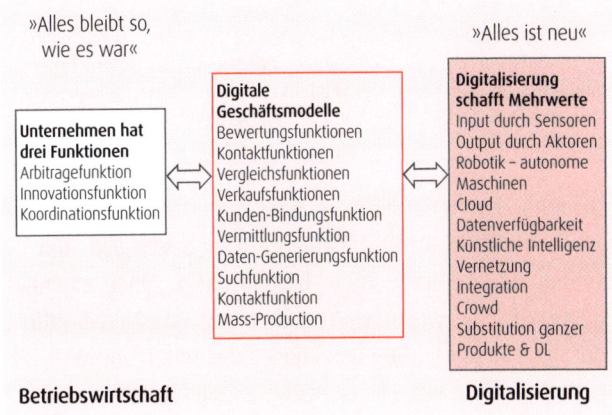

Kenntnisse der Betriebswirtschaft und der Digitalisierung schaffen digitale Geschäftsmodelle (in Anlehnung an Atiker [2017], Schumpeter [1934], Windsperger [1991])

Auf Basis dieser bekannten drei Grundfunktionen eines Unternehmens eröffnet sich in Kombination mit den technischen Umsetzungsmöglichkeiten der Digitalisierung die Chance, Mehrwerte zu schaffen, so beispielsweise durch den Einsatz von Daten aus Sensoren zur automatisierten Steuerung von

Maschinen, durch Vernetzung etc. (siehe dazu auch Atiker, 2017). Mittels dieser Mehrwerte können dann digitale Geschäftsmodelle entwickelt werden. Die wesentlichen Aspekte von Geschäftsmodellen sind in der Grafik oben beschrieben. Dabei kann ein Unternehmen mehrere Geschäftsmodelle in einem Lösungsangebot vereinen.

BEISPIEL: EBAY

Das Geschäftsmodell von eBay ist im Kern die Vorhaltung eines Online-Marktplatzes, um Verkaufsprovisionen zu verdienen. Nach Schumpeters Lehre fungiert eBay als Koordinator. Dabei nutzt das Unternehmen die technischen Möglichkeiten der Digitalisierung und bietet seinen Kunden unter anderem Bewertungs-, Kontakt- und Vergleichsfunktionen in einem Geschäftsmodell an.

Auch im Rahmen der digitalen Transformation und auf der Suche nach der richtigen Strategie dazu wird sich alles um die zentrale Frage drehen: Wofür bezahlt unser Kunde eigentlich und was ist die wirkliche Wertschöpfung und Nutzenstiftung oder das eigentliche Geschäftsmodell des Unternehmens? Diese strategische Frage ist eindeutig zu klären, bevor über die Umsetzung der Digitalisierung nachgedacht wird.

Eines ändert die digitale Transformation nicht: Kunden kaufen Dienstleistungen und Produkte, weil sie sich einen Vorteil, einen Nutzen, einen Mehrwert davon versprechen. Der Preis, den ein Unternehmen am Markt und bei den Kunden realisieren kann, ist genau das, was der Kunde für diesen Vorteil bereit ist zu bezahlen. Der Gegenwert wiederum besteht aus einem Nutzen des Produktes bzw. der Dienstleistung und einem mehr oder minder dimensionierten »mitgelieferten« Image. Diese Grundlagen treffen sowohl auf die bisherigen analogen als auch auf die digitalen Geschäftsmodelle zu.

Digitalisierungs-Audits

Offensichtlich gelingt einigen Unternehmen die notwendige digitale Transformation sehr erfolgreich, anderen dagegen nicht. Aktuell wirken so manche Branche und manches Unternehmen in reifen und gesättigten Märkten noch wie Dinosaurier, wenn es um Digitalisierung geht. Man ruht sich auf guten Kundenreichweiten und sehr guten Kundenzufriedenheitswerten aus. Gerne wird dabei vergessen, dass sich diese Ergebnisse auf die Vergangenheit beziehen und keine Aussagen über die zukünftigen Marktveränderungen zulassen. Was aber sind die entscheidenden Erfolgsfaktoren eines digitalen Transformationsprozesses und wie geht man am besten vor?

Eine offizielle Richtschnur zur Vorgehensweise gibt es nicht, jedoch Vorbilder aus anderen Bereichen, so z. B. bei der Realisierung der Energiewende in Unternehmen. Um Energieeinsparpotenziale in Unternehmen aufzuspüren und umzusetzen, existiert das in einer DIN-Norm europaweite festgeschriebene Instrument der Energieaudits (DIN EN 16247-1). Diese Vorgaben lassen sich für ein entsprechendes Digitalisierungs-Audit heranziehen, das auf folgenden Schritten basiert:

- Festlegung des Ziels und des Umfangs des Audits,
- Datenerfassung,

- Analyse der Ist-Situation,

- Herausarbeiten der notwendigen Maßnahmen zur Realisierung der Ziele.

Dabei ist jedoch zu berücksichtigen, dass die zu betrachtenden Faktoren im Vergleich zu einem Energieaudit wesentlich vielfältiger und multidimensionaler sind. Der Weg vom analogen zum digitalen Unternehmen in all seinen Aspekten gelingt nur, wenn man dafür einen ganzheitlichen, holistischen Ansatz wählt. Dabei müssen Aspekte wie beispielsweise die Änderungen der Kundenwünsche, Ablaufprozesse, grundsätzliche Marktveränderungen, die Chancen, die Big Data bieten, Innovationen durch neue Wettbewerber und ein Kulturwandel in der Gesellschaft und dem Unternehmen berücksichtigt werden.

Aus dem Ergebnis des Digitalisierungs-Audits lassen sich Handlungsschwerpunkte und Maßnahmenpläne erarbeiten. Es gleicht einer Landkarte, die dem Unternehmen den Weg in die Zukunft zeigt, alle relevanten Chancen und Bedrohungen erfasst und im Kontext abbildet.

Veränderungen müssen in Unternehmen gleich welcher Größe und Branche organisiert und gemanagt werden, damit die Organisation auch unter veränderten Rahmenbedingungen erfolgreich bleibt. Darwin hat bereits mit seiner Evolutionstheorie nachgewiesen, dass Organismen, die sich am schnellsten an veränderte Umweltbedingungen anpassen, am besten überleben. Zumeist gelingt jedoch nicht alles zugleich auf einmal;

einige Änderungen brauchen Zeit. Es geht nicht darum, alles, was war, umzuwerfen und komplett neu aufzusetzen. Digitale Transformation ist keine Revolution, sondern eine Evolution. Für jede der im Audit festgestellten Handlungsschritte sollte daher entschieden werden, ob die Entwicklung zunächst weiter beobachtet wird oder ob sofortige Aktionen erforderlich sind. Hierbei spielen unter anderem das Geschäftsfeld und die Marktreife von Produkten eine Rolle.

Im nächsten Schritt wird dann für jede der zu treffenden Maßnahmen der sogenannte Transformationshebel herausgearbeitet (Was ist der Ansatzpunkt und welche neue Technik nutze ich zur Neuorganisation?). Er dient dazu, das Ziel der Maßnahme, beispielsweise die permanente Echtzeit-Kommunikation mit Kunden, umzusetzen.

> Die Geschichte zeigt: Evolution lässt sich nicht aufhalten, jedenfalls nicht von Menschenhand.

Erfolgsfaktoren der Digitalisierung

In einem Forschungsprojekt mit mehreren universitären Instituten wurden die zehn wesentlichen Erfolgsfaktoren der digitalen Transformation in Unternehmen gleich welcher Größe herausgearbeitet.

Diese Erfolgsfaktoren wurden dann zur 360-Grad-Erfassung der Ausgangslage unter dem Blickwinkel der vier Auswirkungen der Digitalisierung (1. Digitaler Kundenzugang – 2. Vernetzung –

3. Digitale Daten – 4. Automatisierung) in Form von Fragelisten vom Management in den befragten Unternehmen bewertet.

Aus den Ergebnissen kristallierten sich die nachfolgend genannten Stellschrauben erfolgreichen Managements in weiterhin unsicheren Zeiten heraus.

Stellschraube: Kundenorientierung

Der Kundenwille ist und war schon immer Gesetz im Markt. Aufgrund zunehmender Markttransparenz und Vergleichbarkeit der Angebote im Netz gilt dieses Prinzip mehr denn je. Die Kunden sind es, die bestimmen, wo es langgeht, und nicht mehr die Verkäufer. Der derzeit maßgebliche Treiber aller Marktveränderungen ist – neben den neuen Technologien, die die Umsetzung erst ermöglichen, und dem Markt selbst – das Konsumverhalten einer zunehmend in den Markt drängenden Generation Y und Z, auch digital Natives genannt. Doch was wollen die Kunden unterschiedlicher Generationen in der neuen digitalen Welt? Wollen sie noch das gleiche wie vorher oder ändern sich ihre Wünsche im Zuge der digitalen Transformation? Betrachtet man die jüngste Vergangenheit, so lässt sich diese Frage ganz klar beantworten: Der Kunde ist parallel zu den wachsenden technischen Möglichkeiten anspruchsvoller geworden – Tendenz steigend. Den Grundsätzen der Share Economy Rechnung tragend, stehen aktuell bei immer mehr Menschen Funktionalität und die nutzenstiftende Wirkung eines Produkts oder einer Dienstleistung im Vordergrund des Interesses. So wünschen sich die

Kunden Mobilität. Das Auto, noch vor einigen Jahren das Mobilitäts-Vehikel und Prestige-Objekt Nr. 1, rückt immer mehr in den Hintergrund des Interesses. Dieses Beispiel lässt sich auf viele andere Lebensbereiche übertragen. Zunehmend steht also der Nutzen und nicht der Gegenstand oder die Dienstleistung im Vordergrund: Der Kunde möchte nicht etwa Pinsel und Farbe kaufen, sondern er will die Hauswand in neuer Farbe erleben. Der Kunde möchte keine SIM-Karte kaufen, sondern er möchte telefonieren oder Daten versenden.

Branchenübergreifend lassen sich die Bedürfnisse der Kunden anhand von sieben Kriterien darstellen.

Der Kunde will …
1. … zu verschiedenen Zeiten unterschiedliche Kontakt- und Vertriebskanäle nutzen. Online- und Offline-Welt verschmelzen zunehmend miteinander.
2. … Zugangswege wechseln, abbrechen, fortsetzen – und das alles ohne Datenverlust und nervende Neueingaben seiner Basisdaten.
3. … persönliche individuelle Angebote und eine persönliche Ansprache.
4. … die Leistung oder die Ware am besten sofort.
5. … es so einfach und bequem wie möglich.
6. … mitmachen, gestalten und personalisieren.
7. … Abonnement-basierte Angebote mit Testphasen und monatlichen Kündigungsfristen.

Möchte ein Unternehmen Erfolg am Markt haben, wird es diese Eckwerte bei seiner Marketing- und Vertriebsarbeit beachten.

Stellschraube: Innovation

Einen Veränderungsprozess allein um der Veränderung willen anzustoßen, ist ein weitverbreitetes Phänomen. Es bringt jedoch nichts, etwas zu digitalisieren, was Mist ist. Mist bleibt Mist, auch wenn es dann digitaler Mist ist. Wenn ich als Unternehmen eine unklare Strategie habe und in unattraktiven Märkten agiere, bringt es nichts, über die Digitalisierung all dessen nachzudenken.

Es ist nicht eine Frage des »Doing things right« (Tue ich die Dinge richtig?), sondern eine Frage des »Doing the right things« (Tue ich die richtigen Dinge?). Und genau das hat nichts mit Digitalisierung im eigentlichen Sinne zu tun, sondern mit der Strategie dafür. Die Digitalisierung fordert mit der damit einhergehenden besseren Markttransparenz und der Verschiebung zum Käufer-dominierten Markt einen stärkeren Fokus auf die eigene Strategie und die Verbesserung der Prozesse aus Kundensicht.

Und so kommt ein Unternehmen unter dem Eindruck der sich verändernden Umwelt- und Rahmenbedingungen zu dem Schluss, dass nicht das Bestehende zu digitalisieren ist, sondern dass eine Innovation entwickelt werden muss, dass man sich als Unternehmen neu erfinden muss, um auch künftig am Markt bestehen zu können oder um sich neue Märkte zu eröffnen. Imitation und Innovation sind laut dem Ökonomen Schumpeter die wesentlichsten Antriebskräfte im Wirtschaftsleben.

In der Vergangenheit haben nicht große Budgets, hochbezahlte Expertenteams und viel Zeit die besten Innovationen hervorgebracht. Manchmal war es schlicht der Druck. Das alte Sprichwort »Not macht erfinderisch« hat nichts an Aktualität nicht eingebüßt.

Nicht jede Neuerung ist eine Innovation. Was aber unterscheidet eine echte Innovation von laufenden Prozess- und Produktverbesserungen? Echte Innovationen werden an der Schnittstelle zwischen Unternehmen und Kunden sichtbar. Sie bringen einen klaren Nutzen. Bei jedem Innovationsprozess ist zwischen folgenden Phasen zu unterscheiden:

1. Idee haben,
2. Idee umsetzen,
3. Idee in den Markt bringen und
4. mit der Idee Geld verdienen.

Innovationen sind umgesetzte und in den Markt gebrachte Ideen, die dem Anbieter Geld einbringen. Eine nachhaltige Produkt- oder Prozessinnovation sollte sich auf mindestens zwei der sechs Geschäftsmodellkomponenten (Warum – Wer – Was – Wie – Wert – Wo) beziehen.

Die »Alte Welt« vor der Digitalisierung	Die »Neue Welt« durch die Digitalisierung
Entscheidungsfindung basiert auf Intuition und Kompetenz der Managementebenen	Entscheidungen werden auf der Grundlage von Tests und Validierung getroffen
Testen von Ideen ist kostspielig, langwierig und schwierig	Testen von Ideen ist preiswert, schnell und einfach
Experimente werden selten und nur von Experten durchgeführt	Experimente werden ständig und von allen durchgeführt
Herausforderung der Innovation besteht darin, die richtige Lösung zu finden	Herausforderung der Innovation besteht darin, das richtige Problem zu lösen
Fehler werden um jeden Preis vermieden	Es entsteht eine Fehlerkultur und aus Fehlern wird frühzeitig und kostenschonend gelernt

Quelle: Anlehnung an Rogers, Digitale Transformation

Gerade die neuen digitalen Technologien und Errungenschaften bieten viele Ansatzpunkte, aus der Not, sich zu verändern, eine Tugend zu machen (siehe hierzu die Grafik 10, »Alles Neu« – Digitalisierung schafft Mehrwerte).

Für viele Führungskräfte ist es eine Herausforderung, in neuen Geschäftsmodellen zu denken und nicht in bestehenden Technologien, Prozessen und Produkten. Kein Wunder, denn die bisherige Manager-Ausbildung zielte auf den Erhalt und das Verwalten der bisherigen Geschäftsmodelle in der analogen Welt. Zudem stehen neue Geschäftsmodelle oft der dominanten Branchenlogik und der Kultur der Branche entgegen – eine nicht zu unterschätzende Hürde.

Es gibt die unterschiedlichsten Ansatzpunkte, um innovative digitale Geschäftsmodelle zu entwickeln. Einige davon sind in der folgenden Tabelle aufgeführt.

Ansatzpunkte für innovative digitale Geschäftsmodelle	
1. Service	- Verlässlichkeit
	- Wissen
	- Verfügbarkeit
	- Tatsächliche Erstellung / Ausführung
	- Bereitstellung von Daten
2. Produkteigenschaften	- Sicherheit
	- Bedienkomfort
	- Individualisierbarkeit (→ Mass-Customization)
	- Vernetzung
	- Lebensdauer
	- Wartung
	- Verfügbarkeit
	- Material
	- Geruch, Klang, Haptik
	- Gewicht
	- Qualität
	- Leistung
	- Verbrauch von Energie sowie von Hilfs- und Betriebsstoffen
	- Verwendungsmöglichkeiten

Ansatzpunkte für innovative digitale Geschäftsmodelle	
3. Image	- Design
	- Funktionalität
	- Praktische Gebrauchsfähigkeit – Haltbarkeit und Belastbarkeit
	- Ergänzende alternative Verwendungsmöglichkeit
	- Status
	- Öffentliches Image / Authentizität
	- Marke / Assoziationen
Quelle: Atiker (2017)	

Verknüpft man die drei Ansatzpunkte Service – Produkt – Image mit den Möglichkeiten der digitalen Technik zur Eingabe (z. B. Sensoren, Touchscreens) und Ausgabe (z. B. Lautsprecher, Screens oder Aktoren), bieten sich vielfältige Ansatzpunkte für Neuerungen und echte Innovationen. Bezieht man dazu noch die Möglichkeiten ein, wie sie durch die fast unendliche Schöpfung und Nutzung von Daten entstehen, eröffnen sich völlig neue Bereiche für die Schaffung von Produkten und entsprechenden Dienstleistungen.

> Veränderungen in unserer Zeit sind durch exponentielles Wachstum gekennzeichnet, vergleichbar zu anderen Veränderungswellen, wie sie beispielsweise die Elektrifizierung oder die Mobilisierung nach sich zogen. Die Digitalisierung unterscheidet sich in dieser Hinsicht in einem Merkmal deutlich von den damaligen Neuerungen: Sie vollzieht sich viel rascher und in wesentlich größerem Ausmaß.

Stellschraube: Wettbewerb

Die Digitalisierung fängt erst richtig an und damit auch die Zunahme des Wettbewerbs durch bisher branchenfremde globale Marktteilnehmer. Die Möglichkeiten, die sich auch für kleinere Unternehmen aus dem Mix an intelligenter Software, preiswerten Sensoren und zuverlässigen Aktoren ergeben, sind erst annähernd erkennbar. Die bisherigen lokalen Grenzen werden durch simultan übersetzende Sprachcomputer und Lieferkettenoptimierungen fallen. Die Wirkungen der Plattformökonomie, wie sie beispielsweise Amazon, Google, Airbnb etc. ins Leben gerufen haben, sind nicht auf den Business-to-Consumer-Markt beschränkt. Sie werden sich mittels neuer Lösungsangebote auch auf den Business-to-Business-Markt ausbreiten. Die Plattformökonomie stellt infrage, über welche wettbewerbsrelevanten Vermögenswerte ein Unternehmen als Eigentümer verfügen muss. Muss ein Reiseanbieter wirklich eigene Hotels haben? Muss ein Mobilitätsanbieter wirklich eine eigene Fahrzeugflotte besitzen? Muss eine Bank wirklich eigene Produkte generieren? Muss ein Fernsehkanalanbieter über Eigenproduktionen verfügen?

Die »Alte Welt« vor der Digitalisierung	Die »Neue Welt« durch die Digitalisierung
Fokus liegt auf dem »fertigen« Produkt	Fokus liegt auf minimal brauchbaren Prototypen und der Produktiteration nach der Markteinführung
Wertversprechen wird von der Branche definiert	Wertversprechen wird von den sich ändernden Kundenbedürfnissen definiert

Die »Alte Welt« vor der Digitalisierung	Die »Neue Welt« durch die Digitalisierung
Das aktuelle Wertversprechen ist das Maß der Dinge	Zu jedem Zeitpunkt wird nach Anpassungen für neue Kundenwerte gesucht
An einem Geschäftsmodell wird langfristig festgehalten und es wird immer wieder optimiert	Das Geschäftsmodell wird bereits weiterentwickelt, bevor es zwingend notwendig ist, um dem Markt immer einen Schritt voraus zu sein
Maßstab für die Bewertung von Veränderungen ist die vermutliche Auswirkung auf die derzeitigen Geschäfte	Maßstab für die Bewertung von Veränderungen ist die Möglichkeit, neue Geschäfte zu erschließen

Quelle: In Anlehnung an Rogers »Digitale Transformation«

Die Individualisierung und Personalisierung von Produkten (Kleidung, Schuhe etc.) und Dienstleistungen (Reinigungs-, Chauffeur-Dienste etc.) werden in den nächsten Jahren im Business-to-Consumer-Markt (B2C) Standardangebote sein.

Stellschraube: Wertschöpfung

Wollen Unternehmen in dieser VUCA-Welt überleben, sollten sie dazu in der Lage sein, wertschöpfende Produkte und Dienstleistungen laufend anzupassen. Die zunehmende Geschwindigkeit, in der sich grundlegende Veränderungen der Rahmenbedingungen und Kundenerwartungen vollziehen, erfordert eine bis dato unbekannte Flexibilisierung der wertschöpfenden Produktionsprozesse. Ein Beispiel dafür ist die Einführung von Smart Factory, die auch als Connected Factory bezeichnet wird:

Erst die auf Daten basierende, vernetzte digitalisierte Produktion versetzt Unternehmen in die Lage, flexiblere und immer kürzere Produktzyklen kosteneffizient und damit wettbewerbsfähig umzusetzen. Diese sogenannte Digitalisierung der Fertigungsprozesse schafft die Basis, alle beteiligten Komponenten flexibel einzusetzen und schnell und variabel an neue Produktanforderungen und Prozesse anzupassen. Die Vernetzung beginnt damit, dass Sensoren in die Produktionsmaschinen integriert werden. Sensoren dienen als Datengenerator. In der Automation der Produktion muss der bisher allein physikalisch stattfindende Produktionsablauf vollständig digital abgebildet werden. Dabei müssen neben aktiven Parametern, wie der Drehzahl von Motoren oder Geschwindigkeiten von Fließbändern, auch passive statische Komponenten wie beispielsweise Vorratsbehälter, Zustände von Rohrleitungen und Produkte, erfasst werden. Nicht zu vernachlässigen bei der digitalen Erfassung sind Verschleißobjekte wie Rollen, Bremsen, Zahnriemen und Motoren. Alle aktiven und passiven Bestandteile einer Produktion müssen digital erfasst und umgesetzt werden.

Damit ist die Vernetzung jedoch noch längst nicht abgeschlossen. Sie setzt sich bei sogenannten abgeschlossenen Inseln einer Teilfertigung (Fertigung von modularen Einzelteilen) fort. Um hier die Vernetzung zu realisieren, ist es notwendig, Produktionsmaschinen in die Lage zu versetzen, untereinander Daten auszutauschen. Dies ist nur auf Basis von standardisierten Schnittstellen möglich. Ohne diese Standardisierung funktioniert es nicht, weil sonst stetige manuelle Anpassungen, die Zeit und Geld kosten, notwendig wären, wenn Komponenten oder Maschinen verschiedener Hersteller verwendet werden sollen.

Diese sogenannten Fertigungsinseln sollten modular aufgebaut sein, um einzelne Funktionsblöcke einfach austauschen, optimieren und gegebenenfalls wiederverwenden zu können. Dies erlaubt eine schnelle Wandlungsfähigkeit der Produktionsanlagen.

Zum Schluss sollten diese Produktions-Inseln an ein übergeordnetes, gesamthaftes Steuerungssystem angeschlossen werden. Solche Steuerungssysteme können dann in eine Cloud integriert werden. Cloud-Lösungen ermöglichen eine standortübergreifende Vernetzung der produktionsrelevanten Daten und eine standortunabhängige Kommunikation. Eine entscheidende Voraussetzung für die Speicherung der Daten in einer Cloud sind höchste Sicherheitsvorkehrungen, Stichwort: Cyber-Security, um eine Manipulation und Beschädigung der Anlagen und der Produktionsprozesse abzuwenden.

Die »Alte Welt« vor der Digitalisierung	Die »Neue Welt« durch die Digitalisierung
Markterfolg führt zu Selbstzufriedenheit	Markterfolg spornt zur Weiterentwicklung an
Wettbewerb innerhalb klar definierter Branchen	Wettbewerb branchenübergreifend

Die »Alte Welt« vor der Digitalisierung	Die »Neue Welt« durch die Digitalisierung
Klare Abgrenzung zu Partnern und Konkurrenz	Abgrenzung zu Partnern und Konkurrenten verschwimmt
Wettbewerb ist ausschließlich Konkurrenz	Kooperationen mit Wettbewerbern werden angestrebt
Key Assets bleiben innerhalb des Unternehmens	Key Assets werden in externen Netzwerken als Potenzial ausgebaut
Kenntnis über Einzigartigkeit und Alleinstellungsmerkmal der Produkte bleibt im Unternehmen	Werte werden auf Plattformen mit Partnern ausgetauscht

Quelle: In Anlehnung an Rogers, »Digitale Transformation«

Stellschraube: Kundenbeziehungen

Der Wettbewerb, die bisherigen Marktplätze und die zugrundeliegenden Spielregeln auf den Märkten verändern sich durch die Digitalisierung und ihre Auswirkungen grundlegend. Kunden, die im Austausch zur angebotenen Ware und Dienstleistung freiwillig Geld bezahlen, waren schon immer der Ausgangspunkt allen wirtschaftlichen Handelns. Heute gibt es direkte digitale Kundenzugänge. Einen Zwischenhandel braucht es nicht mehr unbedingt. Allein dadurch haben sich die Beziehungen zwischen Anbietern und Kunden grundlegend verändert. Hinzu kommt, dass das ehemalige eindimensionale Kommunikationsmodell Anbieter – Kunde im Massenmarkt durch ein Kundennetzwerk ersetzt worden ist. Bewertungen anderer Kunden in den sozialen Netzwerken und Vergleichsportalen haben mittlerweile mehr Gewicht als Statements der Anbieter.

Ehemals in TV und Radio breit gestreute Werbung wird durch Erfahrungsberichte in Blogs und Foren ergänzt.

Die »Alte Welt« vor der Digitalisierung	Die »Neue Welt« durch die Digitalisierung
Wenige, aber dafür dominante Wettbewerber pro Geschäftsbereich	»Winner-takes-all«-Prinzip als Verdienst der Netzwerkeffekte
Kunden als Massenmarkt	Kunden als dynamisches Netzwerk
Werbebotschaften wahllos an alle Kunden	Kommunikation zum und vom Kunden
Unternehmen ist der maßgebende Influencer	Kunden sind die entscheidenden Influencer
Marketing überredet zum Kauf	Marketing inspiriert zum Kauf und regt zur Loyalität und Fürsprache an
Wertströme in eine Richtung	Wechselseitige Wertströme
Wirtschaftlichkeit durch Massenproduktion	Wirtschaftlichkeit durch (Kunden-) Werte
Quelle: In Anlehnung an Rogers, »Digitale Transformation«	

Das erfordert eine neue Form der Authentizität der Kundenansprache und der Produkt- und Werbeversprechen. Nicht mehr nur ein Kunde muss als Käufer gewonnen werden, sondern ganze Kundengruppen müssen als begeisterte Fans gewonnen werden, die ihre guten Erfahrungen mit dem Produkt und dem Unternehmen öffentlich posten.

Stellschraube: Datenmodelle

Daten sind nichts anderes als scheinbar unendliche 0/1-Folgen. Erst durch ihre Auswertung erhalten sie eine Bedeutung und einen Informationswert. Es braucht Fachwissen, Erfahrungswerte und einen Beziehungsrahmen, um aus Daten verwertbare Erkenntnisse zu gewinnen, die Rückschlüsse auf Optimierungspotenziale zulassen und Aussagen über zukünftige Ereignisse möglich machen.

Daten sind heute dank der zunehmenden Verbreitung von Sensoren, des Ausbaus öffentlicher Datennetze und zunehmender Datenspeicherungskapazität gepaart mit standardisierten Analysetools immer und überall generierbar. Die größte Herausforderung besteht aktuell darin, die riesigen Datenmengen nutzbar zu machen und in sinnvolle Erkenntnisse umzuwandeln. Der effiziente und nutzbringende Umgang mit Big Data wird daher zur notwendigen Basistechnologie für alle digitalen Geschäftsmodelle.

Die »Alte Welt« vor der Digitalisierung	Die »Neue Welt« durch die Digitalisierung
Datengenerierung ausschließlich im Unternehmen ist teuer	Daten werden ständig und überall generiert
Herausforderung sind die Speicherung und Verwaltung von Daten	Herausforderung ist die gewinnbringende Auswertung der verfügbaren Daten
Unternehmen nutzen nur strukturierte Daten	Unstrukturierte Daten sind zunehmend besser nutzbar und stellen einen großen Wert dar

Die »Alte Welt« vor der Digitalisierung	Die »Neue Welt« durch die Digitalisierung
Verwaltung der Daten in operativen Silos	Wertsteigerung der Daten durch Verbindungen dieser über operative Silos hinaus
Daten als Mittel zur Prozessoptimierung	Daten sind immaterieller Vermögenswert für die Wertschöpfung
Quelle: In Anlehnung an Rogers, »Digitale Transformation«	

Bezogen auf ein Unternehmen lassen sich dreierlei große Gruppen von Daten unterscheiden:

- Daten, die in der Interaktion mit Kunden entstehen. Aus diesen Kundendaten lässt sich beispielsweise ersehen, wer welches Produkt, zu welcher Zeit, zu welchem Preis, über welchen Kanal in Kombination mit anderen Produkten kauft.

- Daten, die das Produkt oder die Dienstleistung klassifizieren. In solchen Daten finden sich beispielsweise die Beschreibung der Komponenten eines PKW mit den entsprechenden Leistungsdaten oder die Fertigungsdaten inklusive des Ortes, der Uhrzeit, der Charge von Lebensmitteln (Produktionsdaten).

- Geschäftsprozessdaten beim Produktionsprozess. Um Bestell- und Produktionsprozesse zu digitalisieren, sind Datentransparenz und lückenlose Vernetzung von der Produktion über den Verkauf bis hin zum Einsatz beim Kunden, also über die gesamte Wertschöpfungskette hinweg, nötig. Dies setzt eine neue Art des Denkens voraus.

Die Gelegenheit lächelt nur gut vorbereitete Köpfe an! (Louis Pasteur)

Ein Fazit zu den Stellschrauben

Bewertet man die oben dargestellten Stellschrauben, so zeigt sich, dass bereits jeder Faktor isoliert zu erheblichen Veränderungen im heutigen Wirtschaften führt. Alle Hebel zusammengenommen haben mächtige Wirkungen. Sie bergen ein riesiges Veränderungspotenzial für die Unternehmen:

1. Vernetzung und Automatisierung,
2. digitaler Kundenzugang,
3. neue Verbindung zwischen Menschen, Maschinen und Umwelt,
4. Generierung und Nutzbarmachung von digitalen Daten.

Das sind die direkten Auswirkungen der digitalen Transformation. In einem nächsten Schritt findet sicherlich in dem ein oder anderen Unternehmen auch ein Ersatz von bestehenden Produkten und Dienstleistungen mit innovativeren Produkten statt.

Wirtschaftlicher Erfolg wird zukünftig von der erfolgreichen Umsetzung der Möglichkeiten der Digitalisierung, also den beschriebenen Stellschrauben abhängen. Dazu ist die richtige Digitalisierungsstrategie erforderlich.

> Die größte Gefahr in Zeiten des Umbruchs ist nicht der Umbruch selbst, sondern ihm mit veralteter Logik zu begegnen. (Peter Drucker)

Die Erfolgsprinzipien digitaler Geschäftsmodelle

Seit jeher ist im Streben von Unternehmen nach Wirtschaftlichkeit die Suche nach neuen und innovativen Geschäftsmodellen verankert. Noch deutlicher formuliert es der Ökonom Schumpeter, wenn er das Streben nach Innovationen, sei es in Bezug auf Produkte, Prozesse oder Geschäftsmodelle, als eine der Grundfunktionen von Unternehmen beschreibt.

Wie lässt sich ein Geschäftsmodell definieren? Es existiert keine einheitliche Beschreibung dafür. Für die einen ist ein Geschäftsmodell das Zusammenspiel zwischen einer Vision bzw. Strategie eines Unternehmens und der operativen Umsetzung in Form einzelner Geschäftsprozesse. Aus der Sicht anderer ist es zunächst abstrakt die logische Funktionsweise eines Unternehmens und die originäre Art und Weise, mit der eine rechtlich abgrenzbare Organisationsform (Unternehmen) Gewinne unter Berücksichtigung der rechtlichen und moralischen Rahmenbedingungen erwirtschaftet.

Letztendlich ist die Entscheidung für die eine oder andere Klassifizierung nicht streitentscheidend, wenn es um Digitalisierung geht. Viel wichtiger sind die Antworten auf solche Fragen, die sich für ein Unternehmen aus der Kenntnis der Stellschrauben zur Umsetzung der Digitalisierung ergeben:

- Wann lohnt es sich, über die Digitalisierung des bestehenden und bislang erfolgreichen Geschäftsmodells nachzudenken?

- Welche Chancen auf Zukunftsfähigkeit und Wachstum bieten sich?

- Welche Risiken muss das Unternehmen dabei eingehen?

- Wie weit lassen sich bisher unbekannte und noch in der Zukunft liegende Veränderungen überschauen bzw. vorhersagen?

- Ist es zielführend, zunächst nur einen Teil des bestehenden Geschäftsmodells zu digitalisieren?

- Welche Wirkung soll die Digitalisierung im Unternehmen erzielen: Will man den Kundennutzen erhöhen oder eher Kosten einsparen?

- Welche Investitionen und Prozesse lassen sich weiter nutzen?

- Welche Vorbilder, Methoden und Vorgehensweisen gibt es, das bisherige Geschäftsmodell zu transformieren?

- Auf welche Weise wird der zunehmende Digitalisierungsgrad des Unternehmens für Mitarbeiter und Kunden sichtbar?

- An welchen Stellen kann ein Unternehmen das kreative Potenzial seiner Belegschaft einbeziehen und wie kann es das Know-how seiner Mitarbeiter nutzen?

Bisher waren von den kleineren und mittleren Unternehmen nur wenige in der Lage, die digitale Transformation ihres bisherigen Geschäftsmodells mittels echter Innovationen zu gestalten. Häufig sind es die Start-ups, die mit radikal neuen Geschäftsmodell-Ideen sehr schnell neue Märkte erschließen.

Diese Newcomer entwerfen mit relativ geringem finanziellem Aufwand, hoher Kreativität und nicht minder hoher Geschwindigkeit neue Geschäftsmodell-Ideen, testen diese laufend und mehrfach iterativ an potenziellen Kundengruppen und verbessern sie anschließend Schritt für Schritt auf Marktniveau. Was ihnen an Kapital und Erfahrung fehlt, wird durch Innovationsfreude, Mut, den Einsatz intelligenter Testverfahren und die Einholung von Kundenfeedback wettgemacht, und zwar quer über alle Branchen.

Erfolgsfaktor Nr. 1: Variablen und Mechanik der Geschäftsmodelle verstehen

Die Umsetzung der Digitalisierung stellt alles Bisherige infrage und ist für viele Unternehmen weitgehend unbekanntes Terrain. Man kann jedoch nur das managen, was man verstanden hat. Um Systeme, wie es Märkte sind, zielgerichtet beeinflussen zu können, muss man zunächst die Mechanik und die Zusammenhänge von Geschäftsmodellen verstehen. Am besten kann man dieses Verständnis anhand der folgenden Fragen entwickeln:

- Wo erfolgt die Wertschöpfung? Wo ist der Ort der Leistungserstellung? Diese Frage bezieht sich auch auf Absatzkanäle, also die Nahtstelle zwischen Kunde und Auftragnehmer. Dabei ist zwischen Kommunikations-, Distributions- und Verkaufskanälen zu unterscheiden. Wo und wie wird ein Wertangebot vermittelt?

- Warum wird die Leistung erstellt? Welchen Sinn stiftet das Unternehmen für sich genommen beziehungsweise mit seinen Produkten oder Dienstleistungen?

Architektur von Geschäftsmodellen

- Was wird konkret erzeugt oder geleistet? Was ist das Nutzenversprechen eines Unternehmens, für das der Kunden bereit ist zu bezahlen?

> Ein Unternehmen sollte mindestens in einem der drei Parametern Preis – Leistung – Zeit bzw. Geschwindigkeit einen Vorteil gegenüber den Wettbewerbern im Markt haben, um wettbewerbsfähig zu sein.

- Wie erfolgt die Werterzielung oder die Monetarisierung? Diese Frage zielt auf das Ertragsmodell. Es bildet als Kernbestandteil eines Geschäftsmodells die Einnahmen eines Unternehmens ab. Dabei ist zwischen den Arten der Einnahmequellen, die sich beispielsweise aus Leasing, Verkauf oder

Vermietung von Waren ergeben, und zwischen einmaligen und wiederkehrenden Einnahmen zu differenzieren.

• Wer stellt den Wert des Produktes oder der Dienstleistung bereit? Ist es der Hersteller, der Zwischenhändler, der Lieferant?

• Welcher Wert wird geschaffen? Der Aufbau der Wertschöpfung eines Unternehmens definiert, wie sich der konkrete Wertschöpfungsbeitrag (Leistung) des Unternehmens im Rahmen einer Wertschöpfungskette gestaltet. Hat das Unternehmen eine Produzenten-, eine Händler- und/oder eine Logistikfunktion? Deckt ein Unternehmen alle Funktionen ab? Oder konzentriert es sich auf einzelne Funktionen und arbeitet in Bezug auf die anderen Funktionen in der Wertschöpfungskette mit anderen Unternehmen zusammen?

Erfolgsfaktor Nr. 2: Digitalisierung nur dort, wo es Sinn macht

Theoretisch lassen sich heutzutage fast alle Bereiche im Unternehmen digitalisieren. Macht es also Sinn, alles radikal im Unternehmen zu digitalisieren, wenn man schon mal dabei ist? Die Antwort darauf lautet sicherlich in den meisten Fällen »Nein«. Alle Bereiche sollten daraufhin analysiert werden, ob eine Umstellung vom Analogen zum Digitalen Sinn macht und Nutzen stiftet. Hier gilt es zunächst zu hinterfragen, welche Wirkungen mit einer Digitalisierungsmaßnahme erzielt werden sollen: Sollen damit Kosten eingespart oder soll der Kundennutzen verbessert werden?

Digitalisierung des Produktes oder des Vertriebsweges

Bei einem Bäcker liegt es auf der Hand, dass nicht das Produkt als Grundnutzen digitalisierbar ist, sondern lediglich der Vertriebsweg. Doch bei anderen Produkten oder Dienstleistungen ist die Frage schon schwerer zu beantworten.

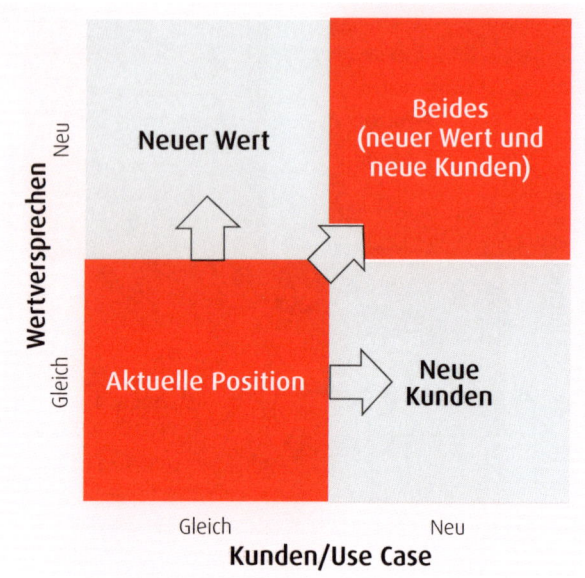

Neugestaltung des Leistungsangebotes

Wird ein Geschäftsmodell neu aufgesetzt, ist grundsätzlich zu unterscheiden zwischen

- einer Neuausrichtung des Nutzenversprechens (Beispiel: Versprechen, ein zuverlässiges Auto zu besitzen, oder Versprechen, ständige Mobilität zu gewährleisten) und

- einer Neuausrichtung oder Erweiterung des Betreibermodells (Beispiel: Produkt plus Service-Komponenten).

Die Unternehmen mit der größten Wachstumsdynamik, die sogenannten Digital Leader, gestalten im Rahmen ihres digitalen Transformationsprozesses beide Dimensionen.

Neugestaltung des Geschäftsmodells

Die Plattformökonomie: Segen oder Fluch?

Wer sich mit neuen digitalen Geschäftsmodellen beschäftigt, sollte sich auch mit den Grundlagen der Plattformökonomie vertraut machen. Sie gestaltet den Wettbewerb und die Beziehungen zwischen Wettbewerbern und Kunden völlig neu. Plattformen bringen unterschiedliche Akteure auf den Märkten miteinander in Verbindung. Je größer die Gruppe der Nachfrager ist, umso attraktiver ist die Plattform für die Gruppe der Anbieter und umgekehrt. Plattformen generieren also einen Wert, indem sie den Austausch oder die unmittelbare Interaktion zwischen mindestens zwei oder mehreren Interessengruppen (so beispielsweise Anbieter und Nachfrager) ermöglichen. Die Betreiber der Plattformen bieten darüber hinaus zumeist keine eigenen Leistungen oder Produkte an.

> Kommunikationsnetzwerke wie beispielsweise Chatforen, die allein den kommunikativen Austausch bieten und unterschiedliche Menschen miteinander vernetzen, sind keine Plattformen im eigentlichen Sinn.

An dem effizienten und kundenfreundlichen Austausch der Leistungen partizipiert der Plattformbetreiber in Form von Vermittlungsprovisionen. Plattformen erleichtern die Suche nach bestimmten Produkten. Ihre vorteilhafte Wirkung entfaltet sich nur, wenn möglichst große Interessengruppen als Nachfrager und Anbieter miteinander vernetzt werden. Es gibt zwei Strategien, die Plattformbetreiber voneinander unterscheiden:

- Die einen fokussieren sich auf Transaktionen (Transaktionsplattformen).

- Die anderen stellen die Kundenfreundlichkeit (Kundenplattformen) in den Mittelpunkt ihres Handelns. Sie setzen auf Qualität, Bedienerfreundlichkeit und ein großes Produkt- und Leistungsangebot.

Die Plattformökonomie führt zu einem Verlust des direkten Kontakts zwischen den Herstellern und Nachfragern. Durch das Zwischenschalten des Plattformbetreibers verändern sich die Erlösströme, zumeist zulasten des Herstellers und zugunsten des Plattformbetreibers und des Nachfragers.

Der Wert einer Plattform steigt mit der Anzahl der Nutzer beziehungsweise der Kunden. Im zukünftigen Wettbewerb ist es damit entscheidend, die Wahrnehmung der Zielgruppen zu erreichen. Sogenannte indirekte Netzwerkeffekte entstehen, wenn Zusatznutzen in Form von Bonuspunkten, vereinfachten Zahlsystemen, Kundenerfahrungsberichten immer mehr Besucher und Nutzer anziehen. Auch dadurch steigt der Wert des Netzwerks.

Mögliche weitere Plattformen in digitalisierten Unternehmen
Lieferplattform
Einkaufsplattform
Produktionsplattform
Bestellplattform
Vertriebsplattform
Verkaufsplattform
Informations-/Austauschplattform

Plattformen können die Funktion des Marktes abbilden

Die wohl schwierigste Frage ist diejenige, ob und wie man wertschöpfungsrelevante Bereiche digitalisiert und wie diese Bereiche sinnstiftend zusammengefügt werden.

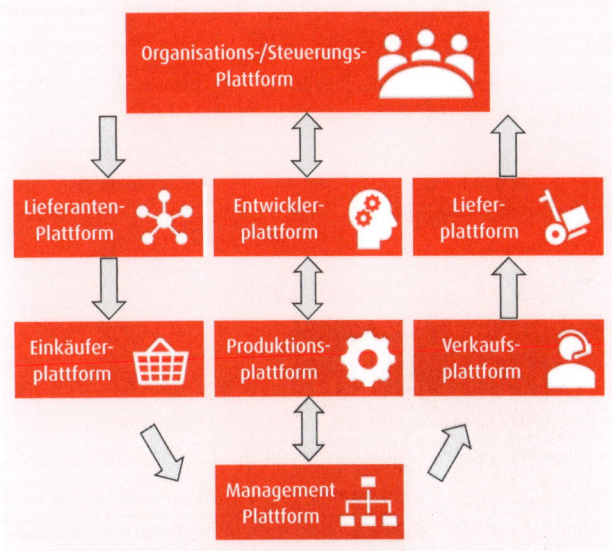

Betriebsablauf als Zusammenspiel von Plattformen

Traditionelles Geschäftsmodell oder Plattform-Modell?

So manches Unternehmen muss in Bezug auf die beschriebenen wertschöpfungsrelevanten Bereiche eine Grundsatzentscheidung treffen, ob es ein traditionelles Geschäftsmodell (mit einem eigenen Ladengeschäft und korrespondierendem Onlineshop sowie eigenen Angestellten) oder ein Plattform-Geschäftsmodell wählt (beispielsweise mit eigenem Online Marktplatz, einer sinnvollen Verkettung und Zusammenschaltung von Liefer-Management-Produktions-Vertriebs-Plattformen und einem Experten-Netzwerk).

Vernetzungen von und zu Plattformen und Internet-Angeboten sind immer dann erfolgreich, wenn sie ihren Besuchern und Nutzern einen echten Mehrwert bieten, den andere Anbieter im Web oder in der realen Welt nicht bieten können.

> Es gilt herausfinden, welchen Mehrwert Ihr Unternehmen den Kunden online bieten kann. Befragen Sie Ihre Kunden, beobachten Sie sie – so kommen Sie der Lösung dieses Rätsels wesentlich näher.

Erfolgsfaktor Nr. 3: Agilität

Das Schlagwort »Agilität« ist derzeit in aller Munde. Mittels agiler Techniken und Methoden, die aus der Softwareentwicklung stammen, sollen Organisationen in die Lage versetzt werden, aktiv, flexibel und anpassungsfähig in Zeiten des Wandels zu agieren. Und das ist auch dringend nötig, denn ein zentrales Thema in den Unternehmen ist heutzutage der Umgang mit Ambidextrie, also dem Nebeneinander von etablierten Prozessen und Hierarchien sowie Veränderungsprozessen, Innovationen etc.

Projekte zur Umsetzung der Digitalisierung sind im Kern auch nur Projekte. Jedoch scheitern die klassischen Projektmethoden meist an deren Komplexität und der Nicht-Vorhersehbarkeit des Ergebnisses und des Zeitpunkts. Zu Beginn steht das nicht immer leichte Eingeständnis, dass man es mit den altbewährten Methoden und Techniken nicht schafft, solche Projekte in den Griff zu bekommen.

Für viele Manager ist daher mittlerweile Agilität *die* Zauberformel, um die notwendigen Veränderungsprozesse im Unternehmen einzuläuten und erfolgreich umzusetzen. Zauberkraft haben die agilen Techniken und Methoden jedoch nicht. Sie müssen zum Unternehmen passen und bedingen ein entsprechendes Mindset im Management, damit man mit ihrer Hilfe erfolgreich den unaufhaltsamen Veränderungsprozess der Umwelt und der Märkte mit dem notwendigen Veränderungsprozess innerhalb von Unternehmen synchronisieren kann.

Die Dynamik und Unvorhersehbarkeit komplexer Systeme

Unternehmen und ihre jeweiligen Märkte verhalten sich wie kybernetische Systeme. Langfristig sind diese Systeme nur stabil, wenn die Veränderungsgeschwindigkeiten innerhalb des Unternehmens und der korrespondierenden Umwelt identisch sind. Aktuelles Management kann nicht mehr auf linear-kausalen Zusammenhängen basieren. Diese Erkenntnis entwickelte sich zeitgleich zur fortschreitenden erfolgreichen Umsetzung von digitalen Geschäftsmodellen. Der systematische Einsatz und die Kombination von digitalen Errungenschaften, wie z. B. von Sensoren, Augmented Reality oder Holografie, intelligenten, selbststeuernden Maschinen, Robotik, Big Data, führen zu einer Vielzahl von alternativen Nutzenstiftungen und Produktinnovationen, die agile Herangehensweisen voraussetzen.

Das agile Mindset

Oben ist es schon angeklungen: Agilität setzt ein entsprechendes Mindset, eine entsprechende Einstellung voraus. Die unausweichlichen Veränderungen als etwas Positives, nämlich als Erweiterung der Gestaltungsspielraumes zu verstehen, ist zumeist der erste Schritt hin zur Änderung des Mindsets. Einfach so weiterzumachen wie bisher oder in einer Angstlähmung zu verharren, sind denkbar schlechte Handlungsoptionen.

Ein agiles Mindset äußert sich in der Kommunikation mit Mitarbeitern auf respektvoller Augenhöhe. Statt auf strengen Vorgaben, starren Hierarchien und intransparenten Top-down-Entscheidungen zu bestehen, lässt es Freiräume für selbstorganisiertes, eigenverantwortliches Arbeiten. Das Commitment auf das gleiche Ziel, das alle im Fokus behalten, steht als die Grundvoraussetzung einer agilen Zusammenarbeit im Mittelpunkt.

Komplexe Sachverhalte werden den Mitarbeitern verständlich erläutert und transparent gemanagt. Fehler werden als Chance zu lernen angesehen. Jegliches Feedback erfolgt zeitnah und wertschätzend. Aus all dem entstehen Mut und das Vertrauen, auch neue und unbekannte Aufgaben mit einem höheren Komplexitätsgrad gemeinsam konstruktiv und systematisch zu bearbeiten. Dies alles führt nach dem Management-Experten Reinhard Sprenger zu folgenden Entwicklungen in der Führungs- und Unternehmenskultur (Sprenger, 2018):

- Von der Vorgabe des Vorgesetzten zur Selbstverantwortung des Arbeitnehmers
- Von der angenommenen Sicherheit zum Risiko ungeplanter Veränderungen

- Von den kulturell erlernten Eigenschaften der Fehlervermeidung zu einer Kultur des Ausprobierens
- Vom Egoismus des einzelnen Mitarbeiters zur Gemeinschaft eines Unternehmens
- Von der Erwartungshaltung des Mitarbeiters, Motivation sei die Aufgabe des Vorgesetzten, zur Selbstmotivation und Eigensteuerung
- Von einem Mitspracherecht zu einer Mitsprachepflicht des Arbeitnehmers und einer Zuhörens- und Erwägungspflicht des Vorgesetzten
- Von der laufenden Kontrolle durch Vorgesetzte zu einer Vertrauenskultur

Die agilen Werte

Eine agile Vorgehensweise wird allgemein gewählt, um stringente Kundenorientierung mit erweiterndem Denken über die bisherigen Unternehmens- und Branchengrenzen hinaus zu fördern und zu lenken. Dabei sollen auch divergierende Gedanken und Mehrdeutigkeiten erfasst und als Impulse zur Weiterentwicklung systematisch verwendet werden.

In der agilen Projektarbeit werden folgende vier Grundwerte zugrunde gelegt. Sie waren ursprünglich für die Softwareentwicklung formuliert worden, passen jedoch als Basisprinzipien auch hervorragend auf andere Digitalisierungsprojekte:

- Menschen und Interaktionen sind wichtiger als Prozesse und Werkzeuge.

- Eine funktionierende Software (Problemlösung) ist wichtiger als eine umfassende Dokumentation.

- Die Zusammenarbeit mit dem Kunden (im Projekt) ist wichtiger als das Aushandeln von Verträgen.

- Auf Veränderungen zu reagieren ist wichtiger als das Befolgen eines vorab formulierten Plans.

Flexibilität und Veränderungsbereitschaft sowie Kundenorientierung spielen im agilen Projektmanagement eine große Rolle, wie ein Blick auf diese Maximen zeigt – Entsprechendes gilt für das strategische Agieren von Unternehmen.

Erfolgsfaktor Nr. 4: Starke, integrierende Führungskräfte

Ein Team sitzt in München, das andere in Wien, das dritte in London – Zusammenarbeit in Zeiten der Digitalisierung wird zunehmend virtueller. Dank digitaler Medien, Videokonferenzen und Cloud Computing ist es nicht mehr erforderlich, am gleichen Ort zu arbeiten. Bei all diesen Möglichkeiten ist jedoch zu beachten, dass echtes Vertrauen nur durch direkten menschlichen Kontakt entsteht und daher nur bedingt digitalisierbar ist. Mitarbeiter benötigen Anerkennung, Führung, Lenkung und das Gefühl, wahrgenommen zu werden. Das gelingt am besten in Meetings vor Ort und persönlichen Begegnungen. Virtuelle Führung alleine reicht nicht.

- Treffen Sie sich daher mit Ihren Mitarbeitern bzw. Ihrem Team in festgelegten zeitlichen Abständen, beispielsweise alle zwei bis vier Monate, auch wenn Sie im internationalen Kontext arbeiten.

- Organisieren Sie Events, zum Beispiel einen Ausflug in eine Stadt oder einen Teambildungsworkshop auf dem Land. Durch diesen direkten persönlichen Kontakt werden das Miteinander und das Verständnis füreinander gestärkt. Dies wiederum beugt unterschwelligen Konflikten vor, die die Arbeitsfähigkeit lähmen können. Manch hoffnungsvoll gestartetes virtuelles Team ist schon an unnötigen Konflikten, die sich an Kleinigkeiten entzündet haben, gescheitert.

- Schaffen Sie gemeinsam mit Ihren Mitarbeitern klare Regeln zur Zusammenarbeit im Team. Halten Sie sich selbst strikt daran. Vergessen Sie nicht, dass die Digitalisierung die starren und distanzierenden Hierarchiegrenzen aufweicht. Zeigen Sie Offenheit und lassen Sie mit sich reden – das schafft ein vertrauensvolles Klima und sichert langfristig Ihren Erfolg.

- Etablieren Sie eine Fehlerkultur, die Rückschläge als Möglichkeit, daraus zu lernen, interpretiert und nicht als Startschuss zur Sündenbock-Suche. Vergessen Sie nicht: Die größten Innovationen sind geschaffen worden, weil Fehler gemacht wurden. Viele große Erfinder mussten tausende Rückschläge verkraften, bevor ihr Produkt Marktreife erlangte, so beispielsweise bereits Thomas Edison mit seiner Glühbirne.

Erfolgsfaktor Nr. 5: Design Thinking

Design Thinking wird als Kreativitätsmethode auf der Suche nach neuen Ideen und Innovationen eingesetzt, insbesondere wenn es um komplexe Bereiche geht, wie sie uns immer wieder und immer öfter im Zuge der digitalen Transformation begegnen. Es beschleunigt die Vorgehensweise »Versuch und Irrtum« und systematisiert diese in klar festgelegten, strukturierten Schritten.

Der iterative Prozess des Design Thinkings vollzieht sich meist in sechs Schritten:

1. Verstehen: Im ersten Schritt geht es darum, das Problem zu verstehen. Diese Phase mündet in der Wahl einer geeigneten Fragestellung, welche die Bedürfnisse der Zielgruppe und Herausforderungen des Projekts definiert. Hier wird das Warum erarbeitet: Warum soll ein Kunde diese App benutzen? Warum soll der Kunde auf diesen Link klicken? Warum soll der Kunde die Dienstleistung oder das Produkt kaufen?

2. Beobachten und intensive Recherche: Hier geht es darum, wichtige Einsichten und Erkenntnisse zur Zielgruppe zu gewinnen. Auch werden hier die Rahmenbedingungen der bereits vorhandenen Lösungsangebote skizziert, und es wird definiert, warum eine neue Lösung benötigt wird.

3. Sammlung verschiedener Sichtweisen zum Warum: Die gemachten Beobachtungen werden in dieser Phase auf ein-

zelne typische Nutzer heruntergebrochen, deren Bedürfnisse in einer klar definierten Fragestellung konzentriert werden.

4. Ideenfindung: Dieser Schritt ist eines der Kernelemente des Design Thinkings. Hier kommen vor allem Brainstorming-Techniken zum Einsatz, die dabei helfen, die verschiedenen Ideenkonzepte zu entwickeln und zu visualisieren.

5. Prototyping: Zum Testen und Veranschaulichen der Ideen werden einfache Prototypen entwickelt und an der Zielgruppe getestet.

6. Verfeinerung der Ideen: Auf Basis der durch die Prototypen gewonnenen Einsichten wird das Konzept weiter verbessert und solange verfeinert, bis schließlich ein optimales, nutzerorientiertes Ergebnis in Form eines Produkts oder einer Dienstleistung entsteht.

Es hat sich in der Praxis bewährt, die laufende Umsetzung der Ergebnisse, die in den Design Thinking Workshops erarbeitet wurden, in drei Gruppen zu gliedern:

1. Aufbereitung der Ergebnisse zu arbeitsfähigen Paketen und testfähigen Piloten, die im kleinen, geschützten Bereich ausprobiert werden. Sich daraus ergebende Themen sollten erst dann weiter priorisiert werden, wenn die Wechselwirkungen und Auswirkungen bekannt und einschätzbar sind. Dieser Prozess sorgt im Projektteam für Akzeptanz und fördert die Qualität der Entscheidungen.

2. Sortierung und Sichtung in der Testphase, welche Pakete und Handlungsfelder in die nächste Phase zur weiteren Verbesserung und Fortsetzung des Test-Pilot-Betriebs überführt werden.

3. Überführung in den Regelbetrieb und Umsetzung in der Organisation.

Erfolgsfaktor Nr. 6: Schritt-für-Schritt-Pläne

Unsere digitale Welt dreht sich immer schneller. Unternehmen müssen mithalten, wenn sie nicht aus dem Karussell herauskatapultiert werden wollen. Dies im Management auszublenden und auszusitzen, ist die schlechteste Option, die man hier als Strategie wählen kann. Anpassung ist notwendig.

Dabei darf nicht außer Acht gelassen werden, dass der Mensch an sich analog bleiben wird und dass das menschliche Gehirn am besten mit Linearität arbeitet, also idealerweise eines nach dem anderen und bitte mit offensichtlichen Ursache-Wirkung-Zusammenhängen serviert bekommt. Das ist auch der Grund, warum wir häufig Entwicklungen geordnet im Zeitverlauf als Grafik darstellen, obwohl sie gar nicht wirklich linear stattfinden.

Um den Einstieg in komplexe Zusammenhänge der Digitalisierung zu erleichtern, helfen klare Schritt-für-Schritt-Vorgehensweisen, an denen sich Führungskräfte und Mitarbeiter entlanghangeln können.

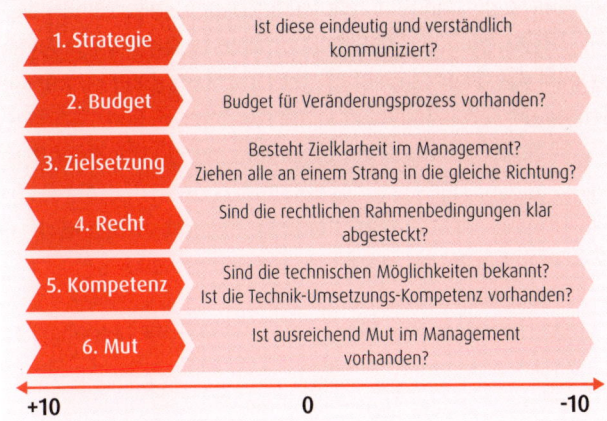

Grundsatzfragen zur Umsetzung der digitalen Transformation

Fragen Sie doch mal in Ihrem Team diese Dimensionen auf einer Skala von 0 bis 10 ab. Die Erfahrung lehrt, dass die Ergebnisse im Unternehmen bei diesem Experiment je nach hierarchischer Ebene höchst unterschiedlich ausfallen können. Zumeist ergibt sich in den höheren Hierarchiestufen ein positiveres Bild nach dem Motto »Ist doch alles klar, wir müssen es nur noch umsetzen!«.

Erfolgsfaktor Nr. 7: Widerstände erkennen – Mitarbeiter ins Boot holen

Werden Menschen mit Neuem und Unbekanntem konfrontiert, reagieren sie häufig mit Ängsten und Widerstand darauf. Daher wird Ihnen im Zuge der digitalen Transformation im Unternehmen Widerstand von anderen Kollegen, Mitarbeitern, Vorgesetzten begegnen. Mitarbeiter haben beispielsweise Angst, dass ihr Arbeitsplatz wegfällt, oder die Befürchtung, nicht mit den neuen Technologien umgehen zu können, und sind daher gegen die Änderungen. Oft bleibt dieser Widerstand der Basis unerkannt von den Führungskräften. Das ist fatal, denn um Digitalisierung erfolgreich zu stemmen, braucht es den Rückhalt des gesamten Teams, der gesamten Belegschaft.

Anhand der folgenden Aussagen, die mir in meiner langjährigen Praxis des Öfteren begegnet sind, können Sie die Muster der Widerstände und Ängste erkennen:

- »Das haben wir schon immer so gemacht und das hat sich auch bewährt.«

- »Hatten wir das nicht schon mal?«

- »Der Erfolg gibt uns recht.«

- »Das ist doch allgemein bekannt.«

- »Das kann man nicht vergleichen.«

- »Das haben wir noch nie so gemacht.«

- »Dafür ist jetzt ein denkbar schlechter Zeitpunkt.«

- »Da könnte ja jeder kommen.«

- »Unsere Prioritäten liegen woanders.«

- »Nur über meine Leiche!«

- »Das würde das Budget sprengen.«

- »Das ist unseren Kunden nicht vermittelbar.«

- »Daran sind schon ganz andere gescheitert.«

- »Das gibt es doch schon am Markt.«

- »Das hat (in unserer Branche) noch nie funktioniert!«

- »Dafür ist die Zeit noch nicht reif.«

- »Das hat doch keinen Sinn!«

- »Das wäre ja noch schöner!«

- »Warten wir lieber erst einmal ab.«

- »Das ist doch alles nur Theorie.«

- »Mit meiner Erfahrung würden Sie das anders sehen.«

- »Das entspricht nicht unserer Geschäftspolitik.«

- »Wir sollten realistisch bleiben.«

- »Die Geschäftsleitung würde so einer Idee nie zustimmen.«

- »Dazu sollten wir eine Machbarkeitsstudie beauftragen.«

Diese Widerstände und Ausreden können nur durch laufende Kommunikation und authentische Überzeugungsarbeit bearbeitet und transformiert werden. Allen im Unternehmen muss klar werden, dass ein »Einfach weiter so!« keine Lösungsoption ist. Die Fortsetzung der Vergangenheit ist natürlich meist der zunächst bequemere Weg, da es weniger Energie bedarf, am Status quo festzuhalten, als Neues zu wagen.

> Der beste Weg, Menschen zu Handlungsveränderungen und aus ihrer Komfortzone zu bewegen, ist, ihre Begeisterung für das Neue und den Wandel zu entfachen.

Aufklärung und eine klare Richtung mit deutlichen Wegmarken nehmen den Mitarbeitern ein Stück weit die Angst vor dem Unbekannten. Führungskräfte sollten deshalb Antworten auf die folgenden Fragen parat haben:

- Haben und kennen wir unsere Digitalisierungsstrategie?

- Verändern wir uns im Unternehmen mindestens so schnell, wie unsere relevante Umwelt, so beispielsweise im Umgang mit Kunden und Lieferanten?

- Monitoren wir Kennzahlen zur Umsetzung der Digitalisierung in unserem Unternehmen?

- Wie lässt sich der Nutzen beschreiben, den unsere Kunden aus der Digitalisierung unseres Unternehmens ziehen?

- Verändern wir die Organisation unseres Unternehmens in Richtung eines digitalen Unternehmens?

- Bieten wir ausreichend Schulungen zur Umsetzung der Digitalisierung für Mitarbeiter an?

Erfolgsfaktor Nr. 8: Lernen Sie aus Erfolgen und Fehlern und behalten Sie die Veränderungen im Blick

Auch in puncto Digitalisierung gibt es mittlerweile Best Practices, aus denen man für das eigene Unternehmen lernen kann. Sehen Sie sich also um: Was macht Ihr Konkurrent besonders gut? Was hat das Unternehmen XY, was Sie nicht haben? Welche Erfolgsgeschichten gibt es zu entdecken?

Was Unternehmen erfolgreich macht
Erfolgreiche Unternehmen wissen mehr über ihre Kunden, deren Verhalten und Bedürfnisse als diese selbst.
Sie schaffen für Kunden und Partner Plattformen, die für diese einen ergänzenden Nutzen bieten.
Sie gehen aktiv auf ihre Kunden zu, um zu erfahren, was diese wirklich bewegt.
Sie verfügen über einen effektiven Innovationsprozess, der in der Lage ist, Kundenanforderungen und -bedürfnisse schnell in neue Produkte zu überführen.
Sie verändern ihre Organisationsstrukturen mithilfe digitaler Technologien so, dass heutige Arbeitsanforderungen effizient und effektiv erfüllt werden können.

Machen Sie sich schlau und blicken Sie über den Tellerrand. Das gilt übrigens auch und erst recht für Fehler. Fehler machen klug, auch wenn andere sie gemacht haben und nicht Sie selbst. Welche Schlüsse lassen sich aus Niederlagen von anderen in der Branche ziehen? Welche aus den eigenen? Machen Sie das Beste aus Fehlern: Lernen Sie daraus!

Klassische Fehler bei der Digitalisierung

Die Ziele sind unklar definiert. Eine verständliche und verbindliche Digitalisierungsstrategie ist nicht existent.

Die Mehrheit des Managements verhält sich passiv und verharrt in tradierten Denkstrukturen.

Veränderungen werden im Unternehmen nicht honoriert. Die Devise lautet: »Lieber weiter im Tippelschritt wie bisher, anstatt mutig neue Wege einzuschlagen!«

Die Ressourcen für den Veränderungsprozess sind nicht ausreichend.

Das innovative Vorgehen im Unternehmen ist für die Mitarbeiter nicht transparent.

Das Unternehmen schirmt sich nach innen ab und blendet die aktuellen und zukünftigen Anforderungen des Marktes aus.

Interne Silos bleiben bestehen; im Management dominieren die Anhänger des tradierten Denkens.

Eine weitere Herausforderung, die es zu meistern gilt, ist es, Kurswechsel rechtzeitig einzuläuten. Das funktioniert nur, wenn unternehmensrelevante Veränderungen des Marktes oder des Umfeldes dann erkannt werden, wenn man noch erfolgreich auf sie reagieren kann. Das ist gar nicht so einfach, denn Menschen neigen dazu, langsame, aber stetige Veränderungen oder Tendenzen nicht (gleich) zu bemerken. Anders ist es bei heftigen und spontan eintretenden Ereignissen. So registrieren wir es beispielsweise sofort, wenn ein Damm bricht, während wir einen langsam ansteigenden Wasserspiegel zunächst gar nicht wahrnehmen. Genauso wurden die langsamen, schleichenden, aber stetigen Veränderungen des Marktes durch den Internet-Giganten Amazon von vielen Einzelhändlern viel zu spät bemerkt.

Die Uhr tickt. Die Märkte werden sich weiter in Richtung Kundenorientierung verändern. Hinzukommt die wachsende Geschwindigkeit, in der sich Änderungen vollziehen. Es heißt daher wachsam sein und Augen und Ohren offenzuhalten.

Eines ist bereits heute erkennbar: Die Anforderungen des Marktes werden sich noch weiter in Richtung eines Wahrnehmungswettbewerbes verschieben. Vor allem im Massen-Consumer-Markt haben viele Unternehmen erkennen müssen, dass die alleinige Optimierung ihrer Produkte und Leistungen, ohne dabei die Marke zu pflegen und zu positionieren, nicht zum erwünschten Erfolg führt.

Der heutige Leistungswettbewerb findet nicht nur auf der Ebene des Produktnutzens statt. Um erfolgreich im Markt zu bestehen, braucht es Zusatznutzen sowie einen Imagetransfer durch die Marke. Es reicht also nicht mehr, qualitativ hochwertige Produkte und Dienstleistungen anzubieten. Diese müssen in unserer reizüberfluteten Umwelt auch auf den unterschiedlichen Kanälen wahrgenommen und vom Zielkunden als relevant für sein Leben eingestuft und verortet werden.

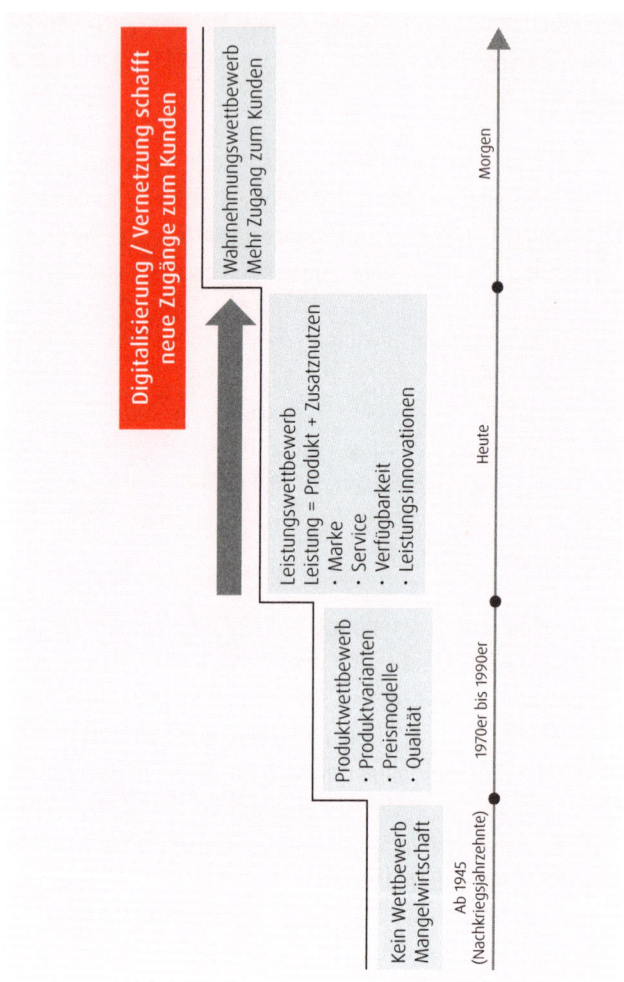

Vom Produkt- zum Wahrnehmungswettbewerb (Quelle: Fraunhofer 2016)

Aus der Erfahrung vieler Projekte lässt sich zusammenfassend schlussfolgern:

- Die Digitalisierung wird die Gesellschaft und die Wirtschaft tiefgreifend verändern.
- Die Veränderungsprozesse sind nicht aufzuhalten.
- Sie verlaufen ähnlich zu früheren Wellen, wie z. B. der, welche die Elektrifizierung nach sich zog.
- Nur eine intelligente Nutzung der Digitalisierung wird zu wirtschaftlichem Erfolg führen. Das bedeutet im Umkehrschluss: Zukünftiger wirtschaftlicher Erfolg wird von der erfolgreichen Umsetzung der Möglichkeiten der Digitalisierung abhängen.

Die gute wirtschaftliche Lage in den letzten Jahren, volle Auftragsbücher, geringe Arbeitslosigkeit, hohe Gehälter und niedrige Inflation bescherten vielen Unternehmen noch ausreichend Einnahmen aus ihren bisherigen Produkten und Dienstleistungen. Es reichte, das Bewährte und Alte zu konservieren oder ihm ein kleines Facelift zu verpassen. Den Druck, zu handeln und sich neu zu erfinden, gab es nicht. Das wird sich in den nächsten Jahren ändern, und nicht nur wegen des wirtschaftlichen Abschwungs, der zu erwarten ist. Die zentrale Frage wird daher wie folgt lauten: Haben wir im Unternehmen das Knowhow, zukünftige digitale Geschäftsmodelle zu erkennen, zu entwickeln und zu finanzieren?

Die wichtigsten Begriffe der Digitalisierung

Die Digitalisierung hat viele neue Wortschöpfungen hervorgebracht. Wir hören und lesen sie oft. Doch was bedeuten sie genau? Im folgenden Lexikon sind die wesentlichen Begriffe einfach und anschaulich erklärt.

Von A wie Absprungrate bis D wie DSL

Absprungrate (Bounce Rate)

Die Absprungrate, die sog. Bounce Rate, beschreibt den prozentualen Anteil von Webseiten-Besuchern, die bereits nach einem einzelnen Seitenaufruf die Webseite wieder verlassen, ohne eine weitere Unterseite der jeweiligen Domain aufzurufen. Zur Berechnung der Bounce Rate wird die Anzahl der Besuche einer Webseite mit nur einem Seitenaufruf durch die Zahl aller Besuche auf der Seite dividiert.

Eine Absprungrate von 60 bis 65 Prozent darf als durchschnittlicher Wert in der Praxis angenommen werden. Es ist also üblich, dass 60 bis 65 Prozent aller Besucher der Webseite diese nach einer bestimmten Verweildauer wieder verlassen, ohne weitere Unterseiten aufzurufen.

Die Absprungrate kann als Qualitätsindikator angesehen werden: Je höher sie ist, umso irrelevanter erscheint Besuchern die Website zu sein.

Um die Bounce Rate zu senken, können beispielsweise folgende Maßnahmen getroffen werden:

- weniger Werbung,
- schnellere Ladezeiten,
- ein ansprechendes Design,
- eine intuitive Navigation und vor allem
- relevante Inhalte.

Adclick-Rate

Die Adclick-Rate misst die Effizienz von Online-Werbung. Sie gibt an, wie viel Prozent der jeweiligen Website-Besucher die Werbung nicht nur gesehen, sondern auch angeklickt haben. Berechnet wird sie folgendermaßen:

Anzahl der Klicks: Anzahl der Einblendungen × 100.

Diese Messgröße wird auch Klickrate oder Click Through Rate (CTR) genannt.

Additive Fertigung

Die additive Fertigung bezeichnet einen Prozess, der auf 3D-Druck basiert. Er kommt dort zur Anwendung, wo die konventionelle Fertigung an ihre Grenzen stößt. Die Technologie ermöglicht einen sogenannten Design-driven manufacturing Process, bei dem die Konstruktion die Fertigung bestimmt.

Bei der additiven Fertigung werden Bauteile oder Modelle Schicht für Schicht aus Werkstoffen wie Metallen, Kunststoffen oder Verbundwerkstoffen, die als feines Pulver vorliegen, aufgebaut. Zuerst wird eine dünne Schicht eines Pulverwerkstoffs auf die Bauplattform aufgetragen. Ein starker Laserstrahl schmilzt das Pulver exakt an den Stellen auf, die die computergenerierten Bauteil-Konstruktionsdaten vorgeben. Anschließend wird eine weitere Pulverschicht aufgetragen. Der Werkstoff wird erneut aufgeschmolzen und verbindet sich an den definierten

Stellen mit der darunterliegenden Schicht. Die Bauteile können je nach Ausgangsstoff und Anwendung mit Stereolithografie, Laser-Sintern oder 3D-Druckern gefertigt werden.

Die additive Fertigung vereinfacht und verkürzt die Produkt(weiter)entwicklung.

Ad Impression

Die sogenannte Ad Impression ist eine Kennzahl, die definiert, wie oft eine geschaltete Anzeige von Nutzern angesehen wird. Sie wird als Messgröße im Bereich des Online-Marketings verwendet und ist die Basis zur Errechnung des Tausender-Kontakt-Preises (TKP) – der Gebühr, die an das Unternehmen, welches die Plattform stellt, vom werbetreibenden Unternehmen gezahlt wird, wenn 1.000 Personen die geschaltete Anzeige gesehen haben. Zudem wird die Messgröße »Ad Impression« verwendet, um zu analysieren und zu messen, wie effektiv Anzeigen gestaltet und geschaltet wurden.

Nicht automatisch gleichzusetzen ist die Ad Impression mit der → Page Impression. Letztere trifft eine Aussage darüber, wie oft eine Seite von ein und demselben User aufgerufen wurde. Da es mittlerweile üblich ist, bei jedem neuen Seitenaufruf pro User auch eine neue Anzeige zu schalten, entsprechen sich Ad Impression und Page Impression meist nicht mehr.

Advanced Analytics

Advanced Analytics ist ein modernes und in die Zukunft gerichtetes Datenanalyseverfahren. Während sich die traditionellen Analysetools auf die Auswertung der Vergangenheit oder der Ist-Situation konzentrieren, sind mit Advanced-Analytics-Tools Zukunftsprognosen möglich. Zu ihnen gehören Verfahren wie → Data Mining und → Predictive Analytics.

AdSense

AdSense ist ein Google-Dienst, mit dem Website-Inhaber automatisiert und passend zu ihren Inhalten Werbung auf ihren Seiten schalten und damit Geld verdienen können. Welche Anzeigen platziert werden, entscheidet Google – ausschlaggebend sind hier unter anderem die Inhalte der Websites.

AdWords

AdWords ist das Online-Werbeprogramm des Suchmaschinen-Giganten Google. Mittels AdWords, dessen Dienste über eine Internetseite angeboten werden (https://ads.google.com), können Anzeigen via Google entweder auf der Ergebnisseite einer Google-Suche oder auch auf einer der zahlreichen Websites aus dem Google-Netzwerk geschaltet werden.

AdWords-Anzeigen werden auf der Ergebnisliste von Google durch den Hinweis »Anzeige« von nicht-kommerziellen Suchergebnissen abgegrenzt.

AdWords funktioniert auf Basis von Schlüsselwörtern, den sogenannten Keywords: User oder Unternehmen, die Werbung betreiben, müssen Wörter oder Wortgruppen auswählen, die mit der Anzeige verbunden werden sollen. Google-Benutzern, die nach diesen oder ähnlichen Wörtern oder Wortgruppen suchen, wird dann die Werbung auf der Trefferliste angezeigt.

Ob ein Unternehmen mit seiner Anzeige in der Ergebnisliste ganz unten oder ganz oben steht, ist nicht nur abhängig vom Preis, den man für eine bestimmte Position zu zahlen bereit ist. Auch die → Adclick-Rate eines Keywords und die Relevanz der Anzeigentexte in Bezug auf den gesuchten Begriff sind entscheidend.

Affiliate Marketing

Diese Art des Online-Marketings basiert auf einem erfolgsabhängigen Provisionsmodell. Ein Beispiel: A betreibt eine Website zu den Themen XYZ. Auf dieser Website schaltet B ein Werbebanner. Gelangt ein Kunde über das Banner auf die Website des Werbetreibenden B und kauft er beispielsweise dort ein Produkt, erhält A von B eine Provision, wenn nach den Cost per Order (siehe dazu sogleich) abgerechnet wird.

Das erfolgsabhängige Abrechnungsmodell kann verschiedenartig gestaltet werden. So kann eine Provision fällig werden

1. pro Klick auf das Werbemittel: Cost per Click (CPC),

2. wenn ein Kontakt zwischen dem Werbetreibenden und dem Kunden zustande kommt: Cost per Lead (CPL),

3. wenn der Kunde bestellt oder den Auftrag erteilt: Cost per Order (CPO) oder Cost per Sale (CPS).

Aggregatoren

Aggregatoren sammeln Informationen zu bestimmten Themen im Internet, werten sie aus und kategorisieren sie. Typische Aggregatoren-Dienste sind beispielsweise Preisvergleichsportale.

Agiles Arbeiten

In agilen Projekten können die Projektbeteiligten schneller auf veränderte Anforderungen reagieren. Sie werden im Gegensatz zum Verfahren bei der klassischen Wasserfallmethode in vielen kleinen und abgeschlossenen Zyklen und mittels einer intensiveren und laufenden Abstimmung zwischen den Entwicklern sowie den Entwicklern und dem Kunden organisiert.

Im → Scrum, einer weitverbreiteten agilen Methode, werden unter Berücksichtigung eines engen Zeitfensters Ziele und Anforderungen definiert. Anschließend hat das gesamte Team die Aufgabe, diese Anforderungen mit seinen Kompetenzen gemeinsam in zeitlich genau festgelegten → Iterationen zu lösen. Fertige lauf- und testfähige Teile des Programms werden unter Einbeziehung des Kunden bewertet und ggf. freigegeben.

Anschließend werden je nach konkreter Situation die Anforderungen um neue ergänzt, geändert oder verworfen. Das führt über die gesamte Projektdauer gesehen zu einer größeren Transparenz und Flexibilität sowie mehr Freiraum für Kreativität.

Agilität

Die agile Arbeitsweise (siehe auch → Agiles Arbeiten) ist in den 1990er Jahren ursprünglich in der Softwareentwicklung entstanden. Man erkannte, dass eine höhere Flexibilität im Arbeiten und in der Planung sowie eine stärkere Zusammenarbeit mit dem Kunden bessere Erfolge lieferte. Es wurden agile Werte und Prinzipien entwickelt (siehe http://agilemanifesto.org sowie das Kapitel »Erfolgsfaktor Nr. 3: Agilität«).

Im Laufe der Jahre wurde deutlich, dass Agilität auch in anderen Bereichen als der IT erfolgversprechend ist, wenn sie ganzheitlich angewendet wird, wenn also im gesamten Unternehmen Agilität gelebt wird. Agilität ist den letzten Jahrzehnten zum zentralen Wettbewerbsfaktor geworden. Nur wer mit einem agilen Mindset und entsprechenden Werten sowie Prinzipien nahe an seiner angestrebten Zielgruppe ist und bleibt, kann in der sich rasch ändernden → VUCA-Welt entsprechende Dienstleistungen und Produkte entwickeln und auf Trends und wechselndes Nachfrageverhalten schnell reagieren.

Es gibt vielfältige Methoden und Techniken, agil zu arbeiten. Eine Methode, die weitverbreitet ist, ist → Scrum. Beliebte agile Techniken sind Stand-up-Meetings, also kurze Meetings im Stehen, und → Kanban.

Aktoren

Aktoren sind Antriebssysteme: Sie verwandeln elektrische Signale in mechanische Energie und interagieren damit mit der physischen Welt, indem sie mechanische Bewegungen ausführen und elektrische Impulse in Geräusche, Lichter, Bilder etc. umwandeln. So können damit beispielsweise Ventile geöffnet, Motoren gestartet, Türschlösser entriegelt und Lichter gedimmt werden.

Akzelerator oder Accelerator

Ein Akzelerator (Beschleuniger) ist eine Institution oder ein Netzwerk, das Start-ups in einem bestimmten, klar festgelegten Zeitraum mit Coaching und anderen unterstützenden Maßnahmen zu einer schnelleren Entwicklung und Marktreife ihres Produkts verhilft.

Akzeleratoren agieren im Rahmen eines zeitlich klar begrenzten Programms für Start-ups. Sie bieten den Gründern, die sich für solch ein Programm beworben und qualifiziert haben, Unterstützung sowohl mit ihrem Wissen als auch mit ihren Ressourcen an. Die Unterstützung der »Beschleuniger« innerhalb solcher Programme kann von der Bereitstellung von Büro- und Produktionsräumen und -einrichtung über die strategische und technische Hilfestellung bis hin zur Vermittlung von Netzwerken und vielseitigem Coaching in allen wichtigen Bereichen reichen.

Am Ende eines Akzeleratoren-Programms stehen zumeist die Vorstellungstage, in denen die Teams ihr junges Unternehmen beziehungsweise ihr Produkt oder ihre Dienstleistung vor Investoren präsentieren können. Als »Lohn« für ihre Unterstützung erhalten die Akzeleratoren beispielsweise eine Beteiligung an dem Jungunternehmen.

Alexa → Sprachassistent

Algorithmus

Ein Algorithmus ist vergleichbar mit einer logischen Regel. Er gibt eine Vorgehensweise zur Lösung eines Problems oder zur Bewältigung einer Aufgabe vor. Nicht nur in der Mathematik, EDV oder im Internet spielen Algorithmen eine wichtige Rolle. Auch Gebrauchsanweisungen und Baupläne basieren darauf: Sie definieren, was passiert oder passieren muss, wenn bestimmte Voraussetzungen vorliegen.

App

App ist die Abkürzung für Application Software, also eine Anwendungssoftware. Damit ist eine Software gemeint, mit deren Hilfe bestimmte Aufgaben erledigt oder Probleme von Anwendern gelöst werden können, die dabei aber nicht relevant für das Funktionieren eines ganzen Systems ist. Apps erweitern den Funktionsumfang von Geräten wie → Smartphones oder PCs und können z. B. in einem App-Store geladen werden.

Augmented Reality (AR)

Augmented Reality (im Deutschen: erweiterte Realität), kurz: AR, reichert bestehende Medien oder Objekte mit zusätzlichen Informationen an. Dabei steht das Eintauchen in Themenwelten mithilfe von zusätzlichen visuellen und akustischen Informationen mittels 3D-Simulation im Vordergrund. Produkte und Räume lassen sich damit erlebbar und visuell vorstellbar machen. Zusätzlich zur → Virtual Reality bietet die Augmented Reality eine weitere Schicht oder Ebene von Zusatzinformationen, die eingeblendet werden. Mithilfe eines Datenhandschuhs lassen sich beispielsweise virtuell dargestellte Gegenstände bewegen und anfassbar machen. Eingesetzt wird diese Technologie derzeit bereits vor allem in der Unterhaltungsindustrie, so vor allem bei Computerspielen, zunehmend mehr im Marketing sowie bei Installations-, Wartungsarbeiten und für Bedienungsanleitungen. Das zukünftige Marktpotenzial lässt sich aktuell nur näherungsweise beziffern. Augmented Reality wird jedoch eine ähnlich disruptive Wirkung zugetraut wie den Smartphones und deren Folgen für die Festnetztelefonie.

Avatar

Ein Avatar ist ein Stellvertreter einer echten Person, die im Internet, in Spielen, in den sozialen Medien oder in Filmen dargestellt wird und sich dort als virtuelles Lebewesen bewegt. Ein Avatar kann sprechen, hat eine Mimik und gestikuliert. Auch Unternehmen setzen Avatare ein, so beispielsweise IKEA im Kundenservice.

Beacon

Ein Beacon ist ein Sender oder Empfänger, der auf der Funktechnologie Bluetooth Low Energy (BLE) oder auch Bluetooth Smart Technologie basiert.

Diese Geräte senden ihre Kennung an tragbare elektronische Geräte, die sich in der Nähe befinden, und lösen damit Aktionen auf diesen aus. Geht beispielsweise ein Passant an einem Geschäft vorbei, wird via Beacon die Werbung für Sonderangebote dieses Shops an sein Smartphone gesendet, um ihn zum Betreten des Ladens zu bewegen.

Big Data

Bisher gibt es keine allgemeingültige Definition von Big Data. Mit dem Begriff »Big Data« bezeichnet man große, komplexe, sich schnell verändernde und wenig strukturierte Datenmengen, welche die Grenzen und Möglichkeiten der konventionellen IT übersteigen. Standardisierte Datenbanken und -Tools haben Probleme, die steigende Flut an Daten zu bearbeiten. Auch relationale Datenbanken scheitern am Volumen: Standard-Prozesse werden zu langsam verarbeitet und es treten Schwierigkeiten mit den vielfältigen Datenformaten auf. Relationale Datenbanken basieren auf der Speicherung von Informationen in Tabellen, die untereinander über Beziehungen (Relationen) verknüpft sind.

Zudem steht »Big Data« für die im Internet gesammelten Informationen zu Anwendern, die Aufschluss über deren Konsum- oder Wahlverhalten geben. Als große Sammler solcher Daten gelten Unternehmen wie Facebook oder Apple. Diese werten die großen Datenmengen aus (oder lassen sie extern auswerten) und setzen sie für personalisierte Werbung im Internet ein.

Bitcoins

Bitcoins, zu deutsch: digitale Münzen, sind ein seit Ende 2018 dezentral organisiertes digitales Zahlungsmittel mit einer begrenzten Menge an Geldeinheiten. Man spricht hier auch von Kryptowährung. Bitcoins existieren nicht real als Münzen und Scheine wie andere Währungen, wie z. B. der Euro. Sie können jedoch gleich diesen gehandelt werden und man kann mit ihnen bezahlen. Neue Bitcoins gibt es, wenn Miner anspruchsvolle kryptographische Aufgaben lösen, was nur unter Einsatz starker Rechnerleistung möglich ist.

Erhaltene Bitcoins können in einer elektronischen Wallet, also einer digitalen Brieftasche, gespeichert werden. Auf Basis dieser Wallet, die auf einem Computer oder Smartphone installiert ist, wird eine Bitcoin-Adresse geschaffen, die wie eine E-Mail-Adresse an Zahlungsempfänger und Zahlungssender weitergegeben werden kann. Ohne die Einbindung von Bankinstituten oder andere Verteilerstellen können über dieses System Überweisungen von Bitcoins verschlüsselt versendet werden. Das Bitcoin-Netzwerk wird auf einer dezentralen Datenbank (der →

Blockchain), in der alle Transaktionen verzeichnet sind, gemeinsam von den Teilnehmern verwaltet. Die Miner hängen neue Transaktionen an die bereits existenten Blockchains an.

Der Umrechnungskurs von Bitcoins im Verhältnis zu anderen gesetzlichen Zahlungsmitteln bestimmt sich durch Angebot und Nachfrage.

Bits und Bytes

Der Begriff »Binary Digit«, kurz »Bit«, bedeutet übersetzt Binärzeichen. Bit ist die Grundeinheit für eine Menge an digital gespeicherten oder übertragenen Daten.

Die Einheit Byte gibt ebenfalls Datenmengen an. Sie wird auch dafür verwendet, Speicherkapazitäten auszudrücken.

- Ein Byte steht als Maßeinheit für eine Folge von acht Bit (1 Byte = 8 Bit).
- Kilobit: 1 Kbit = 1.024 Bit
- Megabit: 1 Mbit = 1.024 Kbit = 1.048.576 Bit
- Kilobyte: 1 KB = 1.024 Byte = 8.192 Bit
- Megabyte: 1 MB = 1.024 KB = 1.048.576 Byte
- Gigabyte: 1 GB = 1.024 MB = 1.048.576 KB
- Terabyte: 1 TB = 1.024 GB = 1.048.576 MB

Da immer mehr und mehr Daten produziert werden, werden in naher Zukunft noch größere Maßeinheiten dazukommen: Peta-, Exa-, Zetta-, Yotta- und Brontobyte.

Blockchain

Blockchain ist ein ausschließlich digital vorgehaltenes Buchhaltungssystem. In einer Blockchain sind alle → Bitcoin-Transaktionen, die es je gab, dokumentiert.

Pro Transaktion wird ein Datenbanksatz, ein sogenannter Block, erzeugt. Sobald die Transaktion von einem vorher festgelegten Gremium nach festen Regeln der Netzwerkteilnehmer und Handelspartner als korrekt bestätigt wurde, kann der Datenbanksatz an die Blockchain angehängt werden. Die Transaktion ist damit dauerhaft als Datensatz hinterlegt und gilt zwischen den beiden Handelspartnern als wirksam vollzogen.

Bot

Ein Bot – der Begriff stammt vom Wort »Roboter« ab – ist ein Computerprogramm, das wiederkehrende und automatische Aufgaben weitgehend selbst bearbeitet, ohne dazu von einem Menschen gesteuert werden zu müssen. Bots werden zunehmend intelligenter programmiert und dadurch für User schwerer erkennbar. So sind sie mittlerweile in der Lage, Diskussionen in sozialen Netzwerken zu beeinflussen oder als »Service-Mitarbeiter« bei Hotlines zu fungieren.

Breitbandatlas

Mit dem Breitbandatlas informiert die Bundesregierung über die Breitbandversorgung in Deutschland. Die Angaben dazu stellen die Telekommunikationsunternehmen auf freiwilliger Basis bereit.

ByoD-Security

ByoD ist ein Akronym, dessen Buchstaben für »Bring your own Device« stehen. Man könnte dies übersetzen mit: »Verwende dein eigenes Endgerät«. Der Begriff beschreibt den Trend, dass Mitarbeiter immer häufiger ihre privaten Smartphones oder auch andere Geräte wie beispielsweise Notebooks oder PCs zu beruflichen Zwecken nutzen. Sie rufen zum Beispiel ihre geschäftlichen E-Mails auf privaten Endgeräten ab oder greifen darüber online auf Firmendaten und -laufwerke zu.

Die IT-Sicherheitsverantwortlichen sehen diese Praxis mit berechtigter Sorge. Mittels einer ByoD-Security-Strategie versuchen Unternehmen die notwendige IT-Sicherheit umzusetzen, ohne dabei die erwünschte Verschmelzung von beruflichen und privaten Aktivitäten (Stichwort: New Work) zu konterkarieren. Ein Spagat, für den aktuell viele Unternehmen noch keinen »Königsweg« gefunden haben.

Grundsätzlich gibt es folgende Varianten zur Aufrechterhaltung der IT-Sicherheit:

- verbindliche Verhaltensregeln mit Sanktionen bei Verstößen,

- technische Sperren,

- Container-Lösungen, also modulare Insellösungen,

- browser-gestützte Sicherheitsgrenzen.

Call-Back-Button

Der Call-Back-Button ist ein bewährtes Kommunikationsanbahnungsinstrument zwischen Kunden und Dienstleistern bzw. Anbietern im Online-Support. Der Kunde klickt auf den Button und teilt über ein Formular seine Kontaktdaten und seinen Wunschtermin für einen Rückruf mit. Diese Daten werden über eine Software einem Pool an verantwortlichen Kundenbetreuern weitergeleitet. Ein Mitarbeiter im Servicecenter ruft den Kunden zu der gewünschten Zeit zurück.

Der Button bietet dem Kunden Service im persönlichen Dialog und zudem den Vorteil, kostenfrei zu telefonieren. Da auf Seiten des Kundenbetreuers mit dieser Verfahrensweise eine gezielte Vorbereitung auf das Anliegen des Kunden möglich ist, wird das zeitaufwendige Weiterverbinden minimiert.

CAPTCHA

Ein Captcha – dessen Buchstaben für »**C**ompletely **A**utomated **P**ublic **T**uring Test to tell **C**omputers and **H**umans **A**part« stehen – ist ein automatisierter Test oder eine Sicherheitsabfrage, der oder die sicherstellt, dass ein Mensch und nicht ein Computerprogramm sich eines Internet-Formulars bedient. Captchas werden eingesetzt, um → Bots zu erkennen, die hin und wieder missbräuchlich dazu verwendet werden, um Daten zu verfälschen oder auszuspähen.

Captchas können aus Bildrätseln bestehen oder aus Fragen, die nur von einem Menschen und nicht von einem Bot beantwortet werden können.

Chatbot

Ein Chatbot, also ein Sprach-Antwort-Roboter, ist ein textbasiertes datenbankgestütztes Dialogsystem mit Text- oder Sprachein- und -ausgabe. Die Sprachausgabe ist in letzter Zeit wesentlich natürlicher geworden, sodass es sich mit Chatbots (fast) wie mit einem Menschen kommunizieren lässt. Solche Bots können in Echtzeit auf umfangreiche Datenbankbestände zugreifen – eine Leistung, die Menschen nur mit Zeitverzug und Schulungsaufwand erbringen können. Sie geben Antworten auf Fragen unter Verwendung von Routinen und Regeln.

Empathische Kommunikation und systemübergreifendes Denken außerhalb von Standard-Logiken sowie individuelle Beratung ist diesen Bots – zumindest derzeit – noch nicht möglich.

Chief Digital Officer

Ein Chief Digital Officer, kurz: CDO, ist auf der obersten Führungsebene von Unternehmen für die digitale Transformation einer Organisationseinheit oder eines Unternehmens verantwortlich. Er hat in der Regel die Aufgabe, sich gemeinsam mit den ihm unterstellten Mitarbeitern jeden Unternehmensprozess anzusehen und zu überlegen, wie man ihn verbessern kann.

Chief Information Officer

Ein Chief Information Officer, zu Deutsch in etwa »verantwortlicher Manager für die Informationstechnik«, kümmert sich auf der obersten Führungsebene aus strategischer Sicht um die Umsetzung der Informationstechnik (IT) einer Organisationseinheit oder eines Unternehmens. Zu seinen Aufgaben gehört es zu entscheiden, welche Software und welche Hardware zum operativen Betrieb des Unternehmens oder der Organisationseinheit verwendet werden. Auch die laufende Überprüfung der Hard- und Softwarekomponenten und die Updates der Systeme fallen in seinen Verantwortungsbereich. Eine kontinuierliche Arbeit an diesen Aufgaben ist entscheidend, um mit dem technischen Fortschritt mithalten und rechtzeitig auf Technologiewechsel reagieren zu können.

Click-Through-Rate (CTR)

Die Klick-Rate, im Englischen Click-Through-Rate (CTR) genannt, beschreibt das Verhältnis zwischen Klicks auf ein Werbebanner und den → Ad-Impressions. Sie ist eine Messgröße im Online-Marketing. Die Kennzahl »Ad Impressions« gibt Auskunft darüber, wie oft das entsprechende Werbebanner auf einer Seite in einem bestimmten Zeitraum von den Usern gesehen wurde.

Zunächst wird die Anzahl der Klicks auf ein Werbebanner in einem bestimmten Zeitfenster ermittelt. Diese Klickanzahl wird dann ins Verhältnis gesetzt mit den → Ad-Impressions. Daraus resultiert Click-Through-Rate, welche immer in Prozent angegeben wird

BEISPIEL

Ein Werbebanner wird pro Tag 1.000 Mal angesehen und davon 20 Mal angeklickt. Die sich daraus ergebende Klickrate von 2 % lässt Rückschlüsse auf die Effizienz einer Werbeplatzierung zu. Die Click-Through-Rate steht dabei in direktem Zusammenhang mit der → Conversion Rate.

Cloud Computing

Beim Cloud Computing (Cloud = Wolke) sind IT-Infrastrukturen, so beispielsweise Anwendungssoftware oder Daten, nicht mehr auf der eigenen Festplatte, sondern in einem Netzwerk, etwa im Internet, gespeichert. Das bringt den großen Vorteil, dass mit verschiedenen Geräten von unterschiedlichen Standorten auf dieselben Daten zugriffen werden kann und dabei gleichzeitig der Speicherplatz des eigenen Rechners nicht belastet wird.

Ein Problem des Cloud Computing ist die Datensicherheit, da vor allem das Internet trotz aller Passwortschutzmechanismen und sonstigen Sicherheitsvorkehrungen prinzipiell ein Einfallstor für Hacker-Angriffe ist.

Content Commerce

Content Commerce ist ein strategischer Ansatz, der Content Marketing und E-Commerce miteinander verbindet. Die Formel dazu lautet: Online-Shop plus zielgruppengerechte wertige Informationen, also Content. Auf der Website finden sich also nicht nur die Produktbeschreibungen, sondern darum herum auch viele andere wertvolle Informationen zum jeweiligen Themenbereich.

Content Commerce ist vor allem für kleinere und mittelständische Anbieter eine Möglichkeit, sich von den großen Wettbewerbern abzuheben. Werden die Inhalte von den Websitebesuchern mit anderen geteilt bzw. entsprechende Keywords zum Inhalt gesetzt, erhöht das zudem die Auffindbarkeit in den Suchmaschinen.

Content Management System (CMS)

Der englische Begriff Content Management System, kurz: CMS, lässt sich mit Inhaltsverwaltungssystem übersetzen. Er steht für Software, mit der Anwender Inhalte, also Content, erstellen, bearbeiten und organisieren können. CMS sind Systeme, in denen redaktionelle Inhalte und das Layout getrennt verwaltet werden, sodass beide separat voneinander verändert werden können.

Ein CMS, das zumeist aus einer internetbasierten Software mit Datenbankanbindung besteht, ist vor allem für Webseitenbetreiber wichtig. Mithilfe des Systems können Inhalte wie Texte, Bilder, Videos, Formulare oder auch ganze Webseiten erstellt, bearbeitet und veröffentlicht werden.

Zumeist weisen CMS eine Dreiteilung auf:

1. Redaktionssystem für die Bearbeitung und Verwaltung von Daten
2. Sogenanntes Repository zur Speicherung von Daten
3. Publishing System zur Steuerung der Ausgabe der gespeicherten medienneutralen Daten

Content Marketing

Content Marketing, also Inhaltsmarketing, beschreibt eine Marketing-Technik, bei der man auf ausführliche Bebilderung und wertige, interessante und unterhaltsam aufbereitete Inhalte für die jeweiligen Zielgruppen setzt. Damit sollen Kunden gewonnen, die Kundenbindung verstärkt und ein bestimmtes Image transportiert werden. Content Marketing wird immer mehr zum wesentlichen Teil der Unternehmenskommunikation, die der Markenpflege und indirekten Kaufstimulation dient.

Conversion Rate

Die Umwandlungsrate oder auch Conversion Rate beschreibt das Verhältnis zwischen Website-Besuchern und getätigten Transaktionen. Sie gibt zumeist Aufschluss darüber, wie viele

Seitenbesucher tatsächlich einen Kauf bzw. eine Transaktion vollzogen haben.

BEISPIEL

Ein Werbebanner wird 1.000 Mal angesehen und von 20 Usern angeklickt. Zehn User kaufen das beworbene Produkt. Die Conversion Rate beträgt in diesem Fall 1%.

Cookie Tracking

Ein Cookie (im Deutschen: Keks) ist ein kleines Datenpaket mit Informationen. Beim Cookie Tracking wird ein Cookie auf der Festplatte des Webseiten-Besuchers abgelegt, um ihn so anschließend wiedererkennen und Einstellungen zu ihm speichern zu können.

Im → Affiliate Marketing – der englische Begriff affiliate ist übersetzbar mit »angliedern« – ist das Tracking mithilfe von Cookies die am meisten genutzte Methode, um dem jeweiligen Affiliate einen User zuordnen zu können. Mittels des Einsatzes bestimmter Cookies kann dies auch dann noch möglich sein, wenn es eine oder sogar mehrere zeitliche Unterbrechungen seiner Internetaktivität gab. Das wiederum führt dazu, dass auch unter solchen Umständen der Affiliate ebenfalls identifiziert werden kann und er so die Vermittlung des Users vergütet bekommt.

Wäre diese Nachverfolgung über Cookies nicht möglich, ginge der Affiliate leer aus. Wie lange ein Affiliate und ein Nutzer via

Cookie identifizierbar bleiben, wird durch die Rückkehrspanne festgelegt. Mit ihr wird definiert, wie lange ein Cookie gültig ist.

Cost-per-Click / Cost-per-Lead

Cost-per-Click (Kosten pro Klick) ist ein Abrechnungsmodell, das im Online-Marketing zum Einsatz kommt. So bedient sich beispielsweise Google → AdWords dieses erfolgsabhängigen Verfahrens. Cost-per-Click definiert eine Form der Zählung und Abrechnung, bei der der Mausklick auf ein Werbemittel die Basis ist. Immer dann, wenn ein User die Werbung auf der Homepage eines anderen Unternehmens anklickt, zahlt der Werbetreibende einen vorab definierten Betrag an den Betreiber der Homepage.

Da die begehrten Werbeplätze begrenzt sind, bestimmt sich die Höhe des Preises nach dem Prinzip des Meistbietenden. Je mehr also ein Unternehmen für einen Klick bezahlt, desto besser wird die Werbebotschaft auf der Homepage positioniert.

Alternativ dazu kommt das Modell »Cost-per-Lead« (Kosten pro Kontakt) als Grundlage der Abrechnung zum Einsatz. Hier fallen Kosten pro Kontakt an. Als Kontakt oder Leads zählen persönliche Daten, die vom Interessenten aus eigener Motivation in ein dafür vorgesehenes Formular eingesetzt werden. Diese Leads oder Kontakte werden also immer dann generiert, wenn sich User beispielsweise in einem Portal registrieren, einen Newsletter abonnieren oder ein Produkt oder eine Dienstleistung auf einem Portal kaufen. Der Werbetreibende zahlt dann pro Registrierung eines Users einen vorab definierten Betrag an den Betreiber der Homepage.

CPU

CPU steht für Central Processing Unit. Mit diesem Begriff wird der Hauptprozessor, also die zentrale Recheneinheit eines Computers beschrieben.

Crawler

Crawler, genau genommen Webcrawler, sind Programme, die Webseiten und Inhalte des World Wide Web meist via Hyperlinks für die Verwendung in Datenbanken und Suchmaschinen durchsuchen, vollständig auslesen, indexieren und analysieren. Sie sind also quasi vollautomatisierte virtuelle Bibliothekare.

Crowdfunding

Crowdfunding, ins Deutsche übersetzbar in etwa mit Schwarm- oder Gruppenfinanzierung, ist eine Option zur Beschaffung von Kapital außerhalb der klassischen Bankfinanzierungen. Diese Art der Finanzierung wird häufig gewählt für die Umsetzung von Einzelprojekten, zur Finanzierung von Projekten im gemeinnützigen Bereich oder auch von Unternehmensgründungen durch Start-ups.

Bei der Crowd-Finanzierung ist es zumeist eine Gruppe von Privatpersonen oder Unternehmen und Institutionen, die als Kapitalgeber fungieren und damit die Realisierung der Idee finanziell unterstützen. Als Gegenleistung wird der Kapitalgeber an dem Unternehmen beteiligt oder er erhält Sonderkonditionen oder exklusive Nutzungsrechte. Der Kontakt zwischen den Crowdfunding-Investoren und den Kapitalnehmern wird zumeist über das World Wide Web angebahnt und vermittelt. Es gibt mittlerweile viele Plattformen zum Crowdfunding im Internet.

Customer Journey

Ein potenzieller Kunde begibt sich auf der Suche nach dem passenden Angebot auf eine Customer Journey, also eine Kundenreise, bevor er sich für das Angebot eines bestimmten Anbieters entscheidet. Dabei recherchiert er in Suchmaschinen oder Bewertungsportalen und besucht die Websites und Online-Shops verschiedener Anbieter. Vielleicht geht er auch in den stationären Handel, um sich ein Produkt näher anzuschauen. Alle Berührungspunkte, die er auf dieser Reise mit einem Anbieter hat, werden Touchpoints genannt.

In vielen Unternehmen werden mittlerweile die Customer Journey und mit ihr alle Touchpoints eines Users mit einer Marke, einem Produkt oder einer Dienstleistung unter Marketingaspekten ausgewertet und optimiert.

Hat sich der Kunde nach seiner Customer Journey für einen Anbieter entschieden, beginnt der After-Sales-Prozess.

Customer Relationship Management (CRM)

Customer Relationship Management (CRM) umfasst das Management der Kundenbeziehungen eines Unternehmens oder
einer Institution. Doch es ist mittlerweile meist mehr als das:
CRM wird inzwischen zumeist als strategischer Ansatz verstanden, der alle Kundeninteraktionen eines Unternehmens und die
damit verbundenen Prozesse miteinschließt. Vor allem in stark
wettbewerbsorientierten Märkten, die vom Kampf um Kunden
dominiert sind, ist die Kundenzentrierung eines Unternehmens
der entscheidende Wettbewerbsfaktor. Nicht mehr die zu ver-
kaufenden Produkte oder Dienstleistungen stehen im Mittelpunkt, sondern der Kunde und der notwendige Kunden-Service
rücken in den Fokus der gesamten Unternehmensprozesse.

CRM ist also weit mehr als nur ein IT-Tool für die Kundenpfle-
ge. Es dominiert idealerweise den gesamten Planungs-, Steue-
rungs- und Umsetzungsprozess in einem Unternehmen.

Darknet

Der Name sagt es schon: Das Darknet, das dunkle oder verborgene Netz, ist das Internet im Schatten der Öffentlichkeit. Es steht für Webseiten, die über die Suchmaschinen nicht auffindbar sind. Das Darknet ist also auch ein Teil des World Wide Web, jedoch ein entlegener Part, den nur diejenigen aufsuchen können, die wissen, wo die Adresse dafür liegt. Das setzt voraus, dass sich mindestens zwei Netzwerkteilnehmer kennen und vernetzen. Weitere Teilnehmer erhalten nur dann Zugang zu den Seiten, wenn mindestens ein bereits registrierter Netzwerkteilnehmer ihre Zulassung erwirkt. Zusätzlich ist des Öfteren eine spezielle Software erforderlich, die quasi als Torwächter zu Darknet-Seiten fungiert.

Data Mining

In einem Unternehmen werden tagtäglich viele Daten gewonnen. Mithilfe von Data Mining lassen sich neue Erkenntnisse aus diesen Daten ziehen, indem sie auf Basis von Algorithmen aus der Statistik oder anderen mathematischen Verfahren anders zusammengesetzt, analysiert oder kategorisiert werden.

Mithilfe von Data Mining lässt sich beispielsweise das Kundenverhalten in Online-Shops analysieren. Die medizinische Forschung nutzt Data Mining ebenso wie die Finanz- oder Versicherungsbranche, wenn es um Risikoanalysen geht.

Datenschutz

Datenschutz und Datensicherheit dienen dazu, die Privatsphäre vor unbefugten und unautorisierten Zugriffen Dritter zu schützen. Dabei sollen Privatpersonen insbesondere vor den Folgen und Gefahren, die aus der Verarbeitung ihrer personenbezogenen Daten entstehen können, geschützt werden. Das im deutschen Grundgesetz verankerte Recht auf informationelle Selbstbestimmung gibt jedem Einzelnen zum Schutz seiner Privatsphäre das Recht, selbst darüber zu verfügen, wer was bei welcher Gelegenheit von seinen Daten sehen und bearbeiten darf.

Konkretisiert wird dieses Recht durch die 2018 in Kraft getretene Datenschutz-Grundverordnung (DS-GVO) und weitere datenschutzrechtliche Bestimmungen. Werden die daraus resultierenden Verarbeitungseinschränkungen und Informationspflichten sowie organisatorischen Vorkehrungen zum Datenschutz nicht beachtet, drohen Unternehmen unter anderem Sanktionen in Form von hohen Bußgeldern.

Datenrate

Die Datenrate oder auch Übertragungsrate bezeichnet die Menge an digitalen Daten, die innerhalb einer bestimmten Zeitspanne übertragen wird. Beispiel: Megabit pro Sekunde = Mbit/s.

Deep Learning

Deep Learning lässt sich als »tiefgreifendes Lernen« übersetzen. Der Begriff steht für ein Teilgebiet der → Künstlichen Intelligenz. Ähnlich wie der Mensch sind Deep-Learning-Systeme in
der Lage, Schlüsse aus gesammelten Erfahrungen für künftige
Situationen zu ziehen. Füttert man die Systeme mit ausreichend
Fakten, können sie diese auf andere vergleichbare Situationen
übertragen. So können Deep-Learning-Systeme beispielsweise
das Autofahren oder die Diagnose von Krankheiten lernen.

Die Grundlage dieses Lernens bilden neuronale Netze, die den-
jenigen des menschlichen Gehirns nachempfunden sind. Damit
kann das System bekannte Datenstrukturen immer wieder mit
neuen Inhalten verknüpfen. Die auf dieser Basis entstehenden
Daten und Datenverbindungen werden vom System dann für
eigenständige Muster, Prognosen und Abschätzungen zu Wahrscheinlichkeiten verwendet.

Design Thinking

Design Thinking ist ein streng strukturierter, agiler Prozess zur
Entwicklung kreativer Ideen und Innovationen. Design Thinking
vollzieht sich zumeist in sechs Schritten (siehe hierzu ausführlich das Kapitel »Erfolgsfaktor Nr. 5: Design Thinking«).

DevOPs

DevOPs ist eine Wortkreation, die sich aus den Begriffen »Development« und »Operations« zusammensetzt. Sie steht für einen agilen Management-Ansatz in der IT-Branche, der das Ziel verfolgt, dass Entwickler und die für das Operative Zuständigen besser zusammenarbeiten und damit (noch) schneller und flexibler auf Änderungsanforderungen der Kunden reagieren können. Dazu werden agile Tools und Methoden nicht nur in der Softwareentwicklung eingesetzt, wie bereits in vielen Firmen üblich, sondern auch im operativen Bereich.

Digitale Exzellenz

Unter digitaler Exzellenz wird eine Zielrichtung der digitalen Transformation in Unternehmen und Behörden verstanden. Das für die Transformation erforderliche Veränderungsmanagement umfasst alle Handlungsbereiche, die von den Veränderungsprozessen durch die technischen Möglichkeiten der Digitalisierung betroffen sind.

Digitale Geschäftsmodelle

Bei der Beschäftigung mit neuen digitalen Geschäftsmodellen ist zunächst zu unterscheiden, ob

- wirklich ein innovatives Modell in neuen Märkten vorliegt oder

- ob es sich lediglich um neue Geschäftsprozesse für ein bestehendes Modell handelt.

In einem zweiten Schritt ist zu differenzieren, ob das Produkt oder die Dienstleistung oder der Vertriebskanal digitalisiert werden soll.

Im Ergebnis müssen im Zusammenhang mit digitalen Geschäftsmodellen folgende Fragen im Detail erläutert werden:

- Wer nutzt die Leistung und ist bereit, dafür zu bezahlen?

- Was ist das konkrete abzurechnende Leistungsangebot?

- Wie wird die Leistung aus Sicht der Kunden erbracht?

- Wie wird der Wert der Leistung geschaffen?

Die Beantwortung der Fragen führt zu Antworten in Bezug auf

- das Nutzenversprechen: Was hat der Kunde davon?

- die Wertschöpfungsketten: Wer stellt welchen Wert in der gesamten Kette her, bis der Kunde das Gesamtprodukt kauft?

- die Ertragsmechanik: Woran und wie genau wird verdient?

- die Leistungserzielung: Was stellt eine Leistung dar?

- die Leistungserstellung: Wer stellt die Leistung wirklich bereit? Der Händler oder der Hersteller?

- das Leistungsangebot: Welche Leistung wird wirklich angeboten? Ist es ein Bundle wie bei einer Pauschalreise oder können die Leistungen auch einzeln gekauft werden?

Digitalisierungsstrategie

Durch die Wirkung der Digitalisierung in Form von Vernetzung, digitalen Kundenzugängen, der Automatisierung und der Generierung von Daten werden viele Veränderungsprozesse in Unternehmen gleichzeitig angestoßen, was zu einer noch nie dagewesenen Änderungsdynamik und Komplexität führt. Damit ein Unternehmen diese Phase erfolgreich bewältigt, bedarf es einer Digitalstrategie, die als Leitlinie die aktuellen technischen Möglichkeiten und Veränderungsprozesse berücksichtigt und gleichzeitig sowohl den Mitarbeitern als auch dem Management Orientierung gibt.

Sie sollte dabei möglichst konkret und einfach verständlich formuliert und auf breiter Basis verabschiedet sein.

Digital Native

Der Begriff »Native« bedeutet »Eingeborener«. Vater der Wortschöpfung »Digital Native« ist Marc Prensky, ein Bildungsberater, der ihn erstmals 2001 in einer Zeitschrift veröffentlichte.

Als Digital Natives werden diejenigen Menschen bezeichnet, die in das Zeitalter der Digitalisierung hineingeboren und darin aufgewachsen sind und deswegen auch ganz selbstverständlich mit den Medien und Technologien dieser Zeit umgehen. Der Gegenpol zu den »Digital Natives« sind die »Digital Immigrants«, also diejenigen, welche die neuen Technologien erst im Erwachsenenalter kennengelernt haben.

Digital Twins

Ein digital Twin ist eine digitale Kopie oder ein virtueller Stellvertreter eines Objekts aus der realen Welt. Er hilft Unternehmen dabei, Probleme vorherzusehen oder Tests durchzuführen, die in der Realität nur mit großem Aufwand möglich wären. So wird beispielsweise der digitale Twin eines Produkts einem virtuellen Belastungstest unterworfen. Dessen Ergebnisse werden wiederum dazu verwendet, das reale Produkt zu verbessern.

Disruption

Der Begriff »Disruption« (engl. disrupt = zerstören, unterbrechen) beschreibt den zerstörerischen Umbruch der bisherigen analogen und unvernetzten Wirtschaftsmodelle und Branchen durch die vernetzte Digitalwirtschaft. Er geht auf die 1997 vom US-amerikanischen Wirtschaftswissenschaftler Clayton Christensen entwickelte Theorie der Disruption zurück, nach der jedes etablierte Unternehmen von einer solchen existenzberaubenden Umwälzung bedroht werden kann.

Eine Disruption bewirkt eine komplette Umstrukturierung beziehungsweise Zerschlagung der bis dato etablierten Geschäftsmodelle, Produkte, Technologien oder Dienstleistungen, die von innovativen Erneuerungen abgelöst und vollständig verdrängt werden (→ Innovation).

Technologien und Entwicklungen, die Disruptionen nach sich zogen, waren beispielsweise die Elektrifizierung, die Massenproduktion von Autos, das Internet oder das Smartphone.

DSL

DSL ist die Abkürzung für Digital Subscriber Line und bedeutet im Deutschen sinngemäß »Digitaler Teilnehmeranschluss«. DSL startete Anfang der 1980er-Jahre mit der Digitalisierung von Telefonnetzen. 1989 folgte die nächste Ausbaustufe mit der Einführung des Integrated Services Digital Network (ISDN). Damit wurden das Zugangsnetz und die Teilnehmeranschlüsse digitalisiert und die Einwahl ins Internet und die Datenfernübertragung von 56 Kbit/s auf 128 Kbit/sec gesteigert.

Im Zeitraum zwischen 1991 und 1995 wurde die »Asymmetric Digital Subscriber Line«-Technik, kurz: ADSL, entwickelt. Dabei handelt es sich um ein Übertragungsverfahren, bei dem eine Datenübertragung bis zu 6 Mbit/s mithilfe eines Breitband-Internet-Anschlusses über eine normale Telefonleitung möglich ist.

Beim ADSL2+, einer Weiterentwicklung von ADSL, können Datenübertragungsraten von bis zu 25 Mbit/s erreicht werden.

Very High Speed Digital Subscriber Line 2 (VDSL2) beschreibt die in Deutschland eingeführte Technik, um Daten per Breitband über das Kupferkabel theoretisch mit bis zu 100 Mbit/s übertragen zu können. Die VDSL-Technik basiert auf ADSL und liefert deutlich höhere Datenübertragungsraten über normale Telefonleitungen als die älteren Systeme ADSL oder ADSL2+. Bei der Übertragung per Glasfaser sind hier Datenraten bis in den Multi-Gbit/s-Bereich möglich.

Von E wie E-Book bis I wie IT-Sicherheit

E-Book

E-Books sind Bücher in digitaler Form, die auf E-Book-Readern oder mithilfe von spezieller Software auf Personal Computern, Tablet-Computern oder Smartphones gelesen werden können.

Sie haben im Vergleich zu klassischen gedruckten Büchern so einige Vorteile: Dank der Funktionalität »Reflowable Content« passt sich das Ausgabeformat automatisch an unterschiedliche Bildschirmgrößen an. Zudem wiegen die E-Book-Reader fast nichts mehr; sie sind flacher als analoge Schmöker und daher leicht zu transportieren. Zudem können auf einem E-Book-Reader tausende digitale Bücher gespeichert werden. Außerdem benötigen sie aufgrund des verwendeten elektronischen Papiers nur wenig Energie. So reicht eine Akkuladung zum Teil für mehrere Wochen Lesevergnügen.

E-Business und E-Commerce

Unter E-Commerce versteht man den Handel im Internet. Mit dem weiter gefassten Begriff E-Business wird die Umsetzung des Wirtschaftens im Rahmen der globalen digitalen Transformation beschrieben. Ziel des E-Business ist es, den wirtschaftlichen Mehrwert von Unternehmen mittels elektronischer Werkzeuge zu steigern.

Mithilfe der Nutzung von digitalen Informationstechnologien werden Geschäftsprozesse in der Vorbereitungs-, Verhandlungs- und Realisierungsphase umgesetzt. Im Electronic Business werden Information, Kommunikation und Transaktion zwischen den Partnern über die digitalen Netzwerke einfacher abgewickelt. Als Grundlage für diese elektronischen geschäftlichen Prozesse haben sich vier wesentliche Arten von Plattformen im Bereich des E-Business etabliert (siehe hierzu das Kapitel »Erfolgsfaktor Nr. 2«).

E-Rechnungssysteme

Eine elektronische Rechnung ist eine Rechnung, die in einem elektronischen Format ausgestellt, übertragen und empfangen wird. Technisch kann eine solche Rechnung unter anderem wie folgt umgesetzt werden, und zwar in Form von

- strukturierten Daten (Beispiele: EDI, XML),
- unstrukturierten Daten (z. B. Rechnungen im PDF-/TIF-JPEG-/Word-Format oder E-Mail-Text) und
- hybriden Daten (z. B. ZUGFeRD).

Als Übertragungs-/Empfangswege für E-Rechnungen stehen unter anderem E-Mail, DE-Mail, E-Post, Computer-Fax, Fax-Server oder Web-Download zur Verfügung.

Die wesentlichen Vorteile der E-Rechnung sind kürzere Durchlaufzeiten und damit eine Steigerung der prozessualen Qualität. In realisierten Projekten hat sich gezeigt, dass durch den Einsatz von E-Rechnungssystemen bis zu 40 Prozent Zeit eingespart werden können.

Moderne E-Rechnungssysteme haben zumeist drei zentrale Funktionalitäten:

- Prozessgesteuerte und nutzerfreundliche Rechnungsverarbeitung
- Revisionssichere Ablage aller zahlungsbegründenden Unterlagen
- Verarbeitung der E-Rechnung von der Beschaffung bis zur Zahlung in einem System

Emotion-Tracking

Kaufentscheidungen sind immer auch emotionale Entscheidungen; sie basieren nur vordergründig auf Preis- und Qualitätsvergleichen. Diese Erkenntnis ist Grundlage des Emotion-Tracking. Hierbei werden systematisch Emotionen von Probanden beim Aufruf von Webseiten oder digitalen Bestellprozessen aufgezeichnet, gemessen und ausgewertet. Man erfasst hierzu mittels Sensoren die Herzfrequenzen, die Hautfeuchtigkeit, den Gesichtsausdruck, die Atemtiefe und Hirnaktivität, die als Messgrößen emotionaler Beteiligung und Aufmerksamkeit gelten. Ziel des Emotion-Tracking ist es, auf Basis der gewonnenen

Erkenntnisse das Online-Einkaufserlebnis möglichst angenehm zu gestalten und damit zu erreichen, dass der Kunde eine emotionale Bindung zu den angebotenen Waren und Dienstleistungen und dem Webshop aufbaut.

Enabler

Informationstechnik lässt sich mit zwei wesentlichen Funktionalitäten beschreiben: einer dienstleistenden Funktion und einer befähigenden Funktion, also der Enabler-Funktion.

Die dienstleistende Funktion umfasst Services, die Geschäftsprozesse umsetzen und optimieren.

In ihrer Enabler-Funktion dient die IT dazu, gänzlich neue Geschäftsmodelle zu ermöglichen. In der Vergangenheit waren das beispielsweise Geschäftsmodelle, die auf der Sharing Economy basieren.

End-to-End-Digitalisierung

Die End-to-End-Digitalisierung beschreibt einen Prozess, bei dem alle zeitlich-logisch aufeinanderfolgenden Teilprozesse, die zur Erfüllung eines konkreten Kundenbedarfs notwendig sind, technisch so weit wie möglich automatisiert ablaufen. Im Idealfall erstreckt sich dieser Prozess vom Bedarf des Kunden bis hin zur Leistungserbringung und zum anschließenden Service und ist in der Regel abteilungs- und teilweise sogar unternehmensübergreifend.

ERP-Systeme

Die Abkürzung ERP steht für Enterprise Resource Planning. Damit sind Softwarelösungen zur Ressourcenplanung eines Unternehmens bzw. einer Organisation gemeint. Ein ERP-System integriert eine Vielzahl von Geschäftsanwendungen und Betriebsdaten, die in einer zentralen Datenbank verarbeitet und gespeichert werden.

Eine Kernfunktion von ERP-Systemen ist in produzierenden Unternehmen beispielsweise die Materialbedarfsplanung. Diese muss gewährleisten, dass alle für die Herstellung der Erzeugnisse und Komponenten erforderlichen Materialien an der richtigen Stelle, zur richtigen Zeit und in der richtigen Menge zur Verfügung stehen.

Ethical Hacking

Beim Ethical Hacking versuchen Sicherheitsexperten, sogenannte Pentester oder auch Penetration Tester, im Auftrag von Unternehmen oder Organisationen in deren digitale Systeme vorzudringen, sie also zu hacken oder zu knacken. Ziel dieser Penetrationstests ist es, mögliche Schwachpunkte in Systemen zu identifizieren und zu schließen, bevor kriminelle Hacker diese Lücken erkennen und für illegale Zwecke ausnutzen.

Eye-Tracking

Das Eye-Tracking (zu Deutsch: Blickerfassung; im Fachjargon: Okulographie) steht für die Aufzeichnung von Augenbewegungen mittels Geräten und Systemen auf Basis von angebotenen optischen Reizen, wie Bildern, Wörtern etc. Die Messmethode des Eye-Tracking wird in den Neurowissenschaften unter anderem auch zur Messung der optischen Wahrnehmung bei Tests zur Produktverwendung, im Produktdesign und zur Erforschung des Leseverhaltens verwendet.

Filesharing

Filesharing bezeichnet das Austauschen von Dateien im Internet. Zumeist muss zu dem Zweck eine Software auf dem eigenen Rechner installiert werden. Diese erzeugt dann einen Ordner, in dem Dateien abgelegt werden können. Dieser Ordner synchronisiert sich automatisch mit dem Online-Speicher, den die Dienste zur Verfügung stellen, sowie weiteren Endgeräten wie beispielsweise dem eigenen Smartphone, wenn die Software dort ebenfalls installiert ist. Eine einmal abgelegte Datei ist somit zeitgleich auf mehreren Geräten verfügbar. Zusätzlich bieten die Dienste die Möglichkeit, Ordner freizugeben, in denen Dateien mit anderen Usern geteilt werden können. Bekannte Filesharing-Dienste sind Dropbox oder WeTransfer.

Filterblasen

Durch Algorithmen der großen Konzerne und auch der kleineren Webshops werden die Suchergebnisse für uns auf Basis unseres Surf-Verhaltens individuell vor- und aufbereitet. Filterblasen oder Informationsblasen sind Begriffe der Medienwissenschaft, welche die eingeschränkte Welt, in der wir uns persönlich durch vorgefilterte Inhalte im World Wide Web bewegen, beschreiben.

Firewall

Firewalls sind Sicherungssysteme, die einen einzelnen Computer oder ein Rechnernetzwerk vor unerwünschten und unerlaubten Zugriffen von außen, so beispielsweise durch Hacker-Angriffe, schützen.

Firewall-Sicherungssysteme basieren auf Schutztechnologie, die alle ankommenden und abgesendeten Datenpakete kontrolliert. Dabei wird sichergestellt, dass diese Datenpakete nur an den Stellen ein- und ausgeliefert und verarbeitet werden, wo es ihnen nach vorher definierten Regeln auch tatsächlich erlaubt ist.

Flatrate

Als Flatrate werden Pauschaltarife oder feste Paketpreise für Telekommunikations-Dienstleistungen wie Telefonie und Internetverbindung bezeichnet. Flatrate-Preise sind in der Regel unabhängig vom Umfang und der Intensität der Nutzung einer Dienstleistung.

Freemium

Der Begriff Freemium setzt sich aus den Begriffen »Free« (für kostenlos) und »Premium« zusammen. Die grundsätzliche Idee dieses Geschäftsmodells ist es, die Kunden mit einem kostenlosen Basisangebot anzulocken und für erweiterte Funktionalitäten oder die Vollversion des Produkts einen Aufpreis zu verlangen.

Gaming

Gaming steht für »soziale Spiele«. Das sind Spiele, die auf der Online-Interaktion mit bekannten oder unbekannten Mitspielern basieren. Das populärste Spiel, das als eines der ersten Online-Games bezeichnet werden kann, heißt »World of Warcraft«. Es ermöglichte erstmals Multiplayer-Online-Games. Durch diese Möglichkeit wurde ein ganz neues Spielerlebnis kreiert. Gaming-Funktionalitäten werden mittlerweile auch in andere Programme übertragen. Sie sollen Menschen zum spielerischen Mitmachen insbesondere bei Lernprogrammen anregen.

GPS

Diese drei Buchstaben stehen für Global Positioning System. Das ist ein globales Navigationssatellitensystem zur Positionsbestimmung für jedermann mittels Navigationsgerät oder Smartphone. Das GPS-Satellitensystem, das eigentlich offiziell NAVSTAR GPS heißt, besteht aus 30 Satelliten, die in etwa 20.000 Kilometern Höhe und mit 11.200 Kilometern pro Stunde auf sechs Umlaufbahnen die Erde umkreisen – darunter 21 Satelliten, die für den Betrieb benötigt werden, drei Ersatz-Satelliten und sechs weitere Reserve-Satelliten.

HCE

HCE ist die Abkürzung für Host Card Emulation. Dahinter verbirgt sich eine Software-Architektur zur Optimierung der Sicherheit von digitalen Bezahlkarten (digitale EC-, Master- oder Visa-Karte) für Transaktionen via Android oder Apple-Smartphones. Dabei werden die sicherheitsrelevanten und personenbezogenen Daten auf einem gesicherten Server im Bankenumfeld gespeichert. Physisch getrennt davon werden die für die einzelnen Bezahl-Transaktionen notwendigen Zahlungsschlüssel auf dem jeweiligen Smartphone gesichert.

Host

Host lässt sich übersetzen mit »Gastgeber«. In der Informationstechnik ist ein Host der Hauptcomputer, der den anderen Rechnern, den sogenannten Clients, im Netzwerk Dienste zur Verfügung stellt. Heutzutage wird er auch als Server bezeichnet.

Hotlinking

Beim Hotlinking, das auch Inline Linking genannt wird, werden Medien in eine Website integriert bzw. eingebettet, die auf einem anderen → Host gespeichert sind. Oft handelt es sich bei den eingebetteten Medien um Bilder; aber auch das Hotlinking von Sound, Videos, Text oder JavaScript-Dateien ist üblich.

BEISPIEL

YouTube fördert das Hotlinking als Teil seines Geschäftsmodells. Passt ein Video auf dieser Plattform thematisch zum eigenen Internet-Auftritt, kann man es via

Hotlinking auf der eigenen Website einbinden. Besucher können es dann direkt auf der Webseite sehen und müssen dazu nicht erst YouTube aufrufen.

Für größere Unternehmen, die auf ihrer Website viele Medien, wie beispielsweise einen Produktkatalog mit Fotos, darstellen, ist Hotlinking eine Möglichkeit, die Inhalte auf einen zweiten Server auszulagern. Diese Methode wird auch als CDN bezeichnet, Content Delivery Network. Die Gründe dafür sind folgende:

- Redundanzen werden vermieden und Speicherplatz wird optimiert.
- Die Ladegeschwindigkeit einer Webseite wird verbessert.

Hover Ad → Layer Ad

HTML

Das Akronym HTML steht für Hypertext Markup Language. Das ist die Sprache bzw. der Code, in dem Webseiten geschrieben sind. Die HTML-Sprache wird von Browsern ausgelesen und auf dem Bildschirm je nach HTML-Befehl als normaler Text, → Hyperlink, Bild oder anderer Inhalt dargestellt.

Hyperlink

Ähnlich wie bei einem Verweis in einem Buch weist ein Hyperlink auf andere Inhalte bzw. Websites hin – mit dem Unterschied, dass der User nicht blättern muss, sondern nach Klick auf den Link automatisch auf die verlinkte Seite geleitet wird. Ein Link macht also das zielgerichtete Navigieren möglich.

Erst der Hyperlink ermöglicht die vernetzte Struktur und die nicht lineare Organisation von Inhalten im World Wide Web.

Mit einem Hyperlink können verschiedene Webseiten, Dateien, Bilder, Videos und sogar dynamisch erstellte Webseiten, die je nach verwendetem Endgerät die optische Anmutung verändern, geöffnet werden. Der Link muss immer die Adresse des Ziels, die sogenannte URL, enthalten, um den entsprechenden Inhalt zu öffnen. Zudem wird meistens auch noch definiert, wie der Link angezeigt werden soll. In den meisten Fällen wird auch noch zusätzlich ein Linktext angegeben.

Bei der Webseitenprogrammierung kann man sich entscheiden, ob sich die verlinkte Seite in einem neuen oder im aktuellen Fenster öffnet.

Grundsätzlich ist das Setzen von Links zulässig. Wird man vom Betreiber einer Seite jedoch aufgefordert, den Link zu unterlassen, sollte man das sicherheitshalber befolgen, auch wenn das Setzen eines Links oder auch eines Deep Links, also eines Links zur Unterseite einer Website, auf eine öffentlich zugängliche URL grundsätzlich keine urheberrechtlich oder wettbewerbsrechtlich relevante Handlung darstellt.

Industrie 4.0

Industrie 4.0 ist ein Zukunftsprojekt, das ursprünglich von der deutschen Bundesregierung initiiert wurde. Das Projekt sowie die
daraus entstandene Plattform (https://www.
plattform-i40.de) sollen Industrieunterneh-
men mittels Handlungsempfehlungen und Anwendungsbei-
spielen dabei unterstützen, Maschinen und Produktionsabläufe
mithilfe intelligenter IT-Lösungen weitgehend zu automatisieren und zu flexibilisieren.

Influencer-Marketing

Influencer-Marketing (in etwa »Marketing über Beeinflusser«)
ist eine Spielart des Online-Marketings. Kommerzielle Unternehmen beauftragen Meinungsmacher und Personen mit
Ansehen, Einfluss und Reichweite damit, sich positiv über ihr
Angebot oder ihre Marke zu äußern, sich mit einem Produkt
zu zeigen oder es zu präsentieren. Die Firmen wollen damit
vom Vertrauen und dem Ansehen, das die Meinungsmacher
bei ihrer Zielgruppe genießen, profitieren. Sie versprechen sich
davon ein besseres Image und höhere Absatzchancen für die so
beworbenen Produkte.

Inkrement

Im agilen Projektmanagement (→ Agilität) ist ein Inkrement ein in sich schlüssiges und testbares Teilprodukt. Es wird dazu genutzt, beim Kunden Feedback einzuholen und Vertrauen aufzubauen.

Aber nicht nur im Agilen spielt der Begriff eine Rolle. Er stammt aus der Mathematik und bezeichnet den Betrag, um den eine Größe zunimmt. Ein Beispiel für eine inkremente Variable ist der Zähler für Seitenaufrufe, der bei jedem Aufruf seinen Wert um 1 erhöht.

Inkubator → Akzelerator

Innovation

Der Begriff heißt übersetzt »Neuerung« oder »Erneuerung« und steht für neue Ideen und Erfindungen und für deren wirtschaftliche Umsetzung. Nicht jede Neuerung ist jedoch eine Innovation. Indem man beispielsweise Prozesse umstellt, um die Produktion zu beschleunigen, hat man noch nichts Innovatives geschaffen. Der Ökonom Schumpeter versteht unter einer Innovation etwas revolutionär Neues und Erstmaliges.

Es gibt Prozess-, Produkt- und Geschäftsmodell-Innovationen. Im Ergebnis dienen sie in wettbewerborientierten Märkten dazu, einen (zumindest) temporären Wettbewerbsvorteil zu erzielen und wirtschaftliche Erfolge zu generieren.

Innovationsmanagement

Innovationsmanagement beschäftigt sich mit der organisationalen und systemischen Entwicklung, Förderung und Dokumentation von Weiter- und Neuentwicklungen in Bezug auf Produkte, Dienstleistungen und Fertigungs- und Organisationsprozesse in Unternehmen. Ziel des Innovationsmanagements ist es, den Mitteleinsatz in diesen Bereichen zu minimieren oder die Leistung als Output zu optimieren, um so Wettbewerbsvorteile zu erlangen.

Das Innovationsmanagement hat durch die technischen Möglichkeiten der Digitalisierung und die sich abzeichnende → Disruption an Bedeutung gewonnen.

Internet of Things (IoT)

Eine allgemeingültige Definition des Internet of Things, dem Internet der Dinge, gibt es nicht. Es handelt sich dabei um die zunehmende digitale Vernetzung von sogenannten intelligenten Geräten, Sensoren etc. zum Zweck des laufenden Datenaustausches untereinander. Geräte oder Maschinen bekommen eine eindeutige, adressierbare Identität in einem Netzwerk und können so miteinander kommunizieren oder Befehle empfangen und ausführen.

Ein oft genanntes Beispiel ist hier der »intelligente« Kühlschrank, der registriert, dass bestimmte Lebensmittel knapp werden, und daraufhin selbstständig eine Bestellung beim Lieferservice auslöst oder eine Einkaufsliste ans Smartphone seines Besitzers schickt.

Aber nicht nur im Privatleben spielt das IoT eine Rolle, auch im Unternehmensalltag wird es immer relevanter. Man arbeitet daran, Maschinen und Anlagen so miteinander zu vernetzen, dass ganze Workflows automatisiert ablaufen. Das Internet der Dinge ist deswegen auch ein wichtiger Baustein der → Industrie 4.0.

Das IoT wird sowohl die bisherige Art des Wirtschaftens als auch das tägliche Leben verändern: Wir werden in intelligent vernetzten Städten und Häusern wohnen und Autos fahren, die miteinander kommunizieren.

Internet Protokoll (IP)

Das Internet Protokoll ist ein Netzwerkprotokoll. Es ist die Basis des Internets. Ohne Internet Protokoll könnten keine Daten zwischen Computern über das Internet versendet werden. Es ist quasi der Auslieferungsdienst im World Wide Web, der dafür sorgt, dass Daten als kleine Pakete so lange von IP- zu IP-Adresse weitergereicht werden, bis sie an der richtigen Adresse angekommen sind.

Jeder PC hat eine oder mehrere eindeutige IP-Adressen, die ihn von jedem anderen Computer unterscheiden.

Iteration

Das iterative Vorgehen spielt beim agilen Projektmanagement (→ Agilität) eine wichtige Rolle. Während bei der klassischen Entwicklung nach dem Wasserfallmodell das Produkt »in einem Wurf« entsteht, sieht die agile Entwicklung von vornherein die Entstehung des Produkts in mehreren Zyklen vor. Diese Schritte werden → Inkremente genannt (Inkrement = Annäherung). Auf diese Weise sieht der Kunde frühzeitig und regelmäßig Teilprodukte, die er mit seinen Anforderungen abgleichen kann.

IT-Outsourcing

IT-Spezialisten werden so gut wie in jedem Unternehmen benötigt. Oft werden sie jedoch nicht angestellt, sondern man setzt auf externe Experten, die die Aufgaben im Rahmen eines Projekts erledigen. Dieses IT-Outsour-  cing ist jedoch nur dann empfehlenswert, wenn es nicht zum Kerngeschäft des Unternehmens gehört. Zudem sind Risiken zu beachten, die sich aus der Zusammenarbeit mit Externen ergeben, beispielsweise Sicherheits- und Datenschutzaspekte, zudem Kommunikationsprobleme, wenn die Freelancer eine andere Sprache sprechen.

Ein ausführlicher Sicherheitskatalog zur Einführung von IT-Outsourcing wird vom Bundesamt für Sicherheit in der Informationstechnik herausgegeben.

IT-Sicherheit

IT-Sicherheit beginnt beim Schutz einzelner Dateien und reicht bis hin zur Absicherung von Rechenzentren und Cloud-Diensten. Die Frage nach der Sicherheit von Daten und der IT-Systeme gehört zu jeder Planung und Maßnahme in der IT.

IT-Sicherheit ist das Grundgerüst für die Umsetzung von Datenschutz- und Compliance-Maßnahmen, zur Absicherung der Belastbarkeit von IT-Systemen und zur Aufrechterhaltung der sogenannten Business Continuity in Unternehmen.

- Je sensibler die Daten sind, desto mehr Schutzvorkehrungen müssen getroffen werden. Nach der Datenschutz-Grundverordnung ist der Nachweis von entsprechenden Sicherheitsmaßnahmen insbesondere bei personenbezogenen Daten Pflicht.

- Je mehr Einfallstore nach außen existieren (so beispielsweise durch unbeschränkten Internetzugang auf jedem Firmen-PC oder → ByoD), desto höher ist das Risiko, Opfer von Hackerangriffen zu werden.

Von J wie Java Skript bis O wie Open Source Software

Java Skript

Fast alle Webseiten basieren auf der Programmiersprache JavaScript®, die 1995 vom Unternehmen Netscape entwickelt wurde.

JavaScript® zählt heutzutage zu den gängigen Internetprogrammiersprachen. Mit ihr lassen sich auf Webseiten viele Funktionen realisieren, die dynamisch sind, die sich also verändern, so beispielsweise Datumsangaben, wechselnde Banner, Plausibilitätsprüfungen bei Eingabeformularen.

Kanban

Die Wurzeln der agilen Kanban-Methode liegen in der Produktion. Sie wurde und wird dort eingesetzt, um Materialflüsse zu steuern: Kanban-Karten werden verwendet, um anzuzeigen, dass ein bestimmtes Produktionsmittel zur Neige geht und nachgeordert werden muss.

Aber auch in der Softwareentwicklung und in anderen agil organisierten Projekten (→ agiles Arbeiten) kommt Kanban mittlerweile zum Einsatz. Dort nutzt man meist ein digitales oder analoges Task Board, auf das Karten mit Aufgaben gepinnt werden, um den Aufgabenfluss innerhalb des Projektes zu steuern: Die einzelnen Bearbeiter ziehen sich in jedem Prozessschritt Aufgaben selbstständig von diesem Board (sogenanntes Pull-Prinzip), sobald sie Kapazität dazu haben.

Das Task Board oder auch Kanban Board ist in Spalten eingeteilt, die den Prozessschritten entsprechen:

- To Do: Dort werden Aufgaben gepinnt, deren Bearbeitung noch nicht begonnen wurde.

- In Progress/Doing: Nimmt sich ein Bearbeiter eine Aufgabe zur Bearbeitung, verschiebt er die entsprechende Karte in diese Rubrik.

- Done: Erledigte Aufgaben werden in diese Kategorie verschoben.

Keywords

Keywords, also Schlüsselwörter, sind Suchbegriffe, die User in Suchmaschinen wie beispielsweise Google, Firefox oder Bing eingeben, um Informationen darüber zu erhalten.

Die Suchmaschinen ranken Websites nach ihrer Relevanz in Bezug auf Keywords und stellen das Ergebnis in einer Reihenfolge dar. Je relevanter die Seite im Hinblick auf den gesuchten Begriff ist, desto weiter oben steht sie auf der Ergebnisliste.

Wie schafft man es aber, dass die eigene Seite in den Ergebnislisten möglichst weit oben bei den Suchmaschinen gelistet wird? Mit der Platzierung von guten Keywords auf der Seite kann man die Ranking-Position seiner Website optimieren. Die Auswahl der Keywords sollte möglichst genau die Bedürfnisse der Kunden treffen, um die Trefferquoten konkurrierender Websites gering zu halten.

Die Relevanz einer Website für eine Suchanfrage wird anhand der Keyword-Dichte des Seiteninhalts bestimmt. Als Keywords können Begriffe im Text, in den Überschriften, im Teaser der Website etc. gewählt werden.

Künstliche Intelligenz (KI)

Wie gelingt es, Maschinen menschenähnliche Intelligenz zu vermitteln, sodass man sie in die Lage versetzt, zu lernen, zu urteilen oder eigenständig Probleme zu lösen? Wer Antworten auf diese Fragen sucht, beschäftigt sich mit künstlicher Intelligenz.

Die bisher bekannten Anwendungen der künstlichen Intelligenz beziehen sich alle auf die systematische Auswertung von großen und komplexen Datensammlungen. Daten bekommen erst dann einen Sinn und einen Anwendungsbezug, wenn man die einzelnen Daten miteinander in einen Zusammenhang setzt und direkte und indirekte Ursache-Wirkung-Zusammenhänge erkennt. Diese Erkenntnis wird auch als »Kausalkette« bezeichnet.

Die aktuellen Anwendungen der KI ermöglichen es mittels selbstlernender Analyse-Regeln, aus scheinbar wirren Datensätzen Zusammenhänge herauszulesen und darzustellen. Heutzutage sind beispielsweise bereits virtuelle Assistenten im Kundenservice im Einsatz, die im Dialog mit dem Kunden Probleme klären. Des Weiteren wird KI bei der Betrugserkennung, in Computerspielen und beim autonomen Fahren genutzt (siehe auch → Deep Learning).

KPI

KPI ist eine Abkürzung für Key Performance Indicator. Ins Deutsche übersetzt bedeutet das in etwa »wichtige Leistungsindikatoren«. KPIs sind Kennzahlen, die den Umsetzungserfolg von Aktivitäten in Unternehmen messen. Sämtliche Aktivitäten und Prozesse können anhand dieser Leistungskennzahlen gemessen und gemanagt werden. Sie lassen sich mit Analyse-Tools auswerten, vergleichen und steuern.

Landing Page

Als Landing Page, manchmal auch Zielseite oder Marketing Page genannt, bezeichnet man eine Seite im Internet mit einer → URL, auf die der Internet-User gelangt, weil er einen Link in einem Werbemittel, z. B. in einer Werbe-Mail, oder ein Werbebanner angeklickt hat.

Layer Ad

Layer Ads, die auch Hover Ads genannt werden, sind Online-Anzeigen und Werbebanner, die sich über die Website legen und somit deren Inhalt überdecken. Im Gegensatz zu Pop-ups, die bewirken, dass ein separates Fenster geöffnet wird, stellen Layer Ads eine zusätzliche Schicht auf der geöffneten Seite dar. Sie können daher von den gängigen Pop-up-Blockern auch nicht blockiert werden.

Lean Management

Lean Management konzentriert sich darauf, ein Unternehmen zu verschlanken. Ziel dieses Management-Ansatzes ist es, weniger Zeit und weniger Ressourcen wie Personal oder Produktionsmittel einzusetzen bzw. zu verbrauchen und trotzdem hocheffizient hervorragende Produkte herzustellen oder entsprechende Dienstleistungen anzubieten. Um das bewerkstelligen zu können, werden Lean Management Tools eingesetzt, die in der Praxis des Öfteren mit agilen Methoden und Werkzeugen (→ agiles Arbeiten) kombiniert werden.

Link

Link ist die Kurzform für → Hyperlink.

Machine Learning

Ein klassischer Computer kann mithilfe einfacher Wenn-dann-Programmierungen Befehle ausführen. Er erreicht seine Grenze aber dann, wenn von ihm etwas verlangt wird, wofür er nicht programmiert wurde. Beim maschinellen Lernen ist das anders. Es basiert zwar auch auf programmierten Algorithmen und Codes, aber IT-Systeme, die auf Machine Learning beruhen, können mehr: Sie sind in der Lage, die Daten, die sie sammeln, so auszuwerten, dass sie daraus lernen und sie damit auf Situationen anwenden können, für die sie nicht programmiert wurden.

Indem sie wiederkehrende Muster in den Datenbeständen erkennen, gelingt es ihnen, eigenständig Lösungen für Probleme zu finden. Siehe auch → Künstliche Intelligenz und → Deep Learning.

Malware

Malware ist die Sammelbezeichnung für Software-Anwendungen, die auf dem PC oder in einem IT-System Schaden anrichten oder zu unerwünschten Folgen führen können, so z. B. Spyware, Scareware, Viren, Würmer, Trojaner.

Marketing Automation

Mithilfe von Software-Plattformen zur Marketing Automation lassen sich Workflows zu Marketingkampagnen automatisieren. Sie unterstützen dabei, die Kampagnen effizient zu planen, umzusetzen und deren Ergebnisse zu messen.

Mass Customization

Produktionsverfahren werden immer besser; Qualität ist deshalb mittlerweile vor allem bei höherpreisigen Markenprodukten kein Alleinstellungsmerkmal mehr. Die Hersteller, die in wettbewerbsintensiven Massenmärkten agieren, müssen sich also etwas einfallen lassen. Viele setzen deswegen zunehmend auf die Individualisierung von Produkten.

Mass Customization, in etwa übersetzbar mit Massenproduktion nach individuellen Vorgaben des Kunden, beschreibt das Konzept eines Produktionsverfahrens, das eine möglichst kundenindividuelle Erstellung von Gütern und Dienstleistungen mit herkömmlicher Massenproduktion vereint. Damit wird erreicht, dass der Kunde sich ein individuelles Produkt zusammenstellen kann, das gleichzeitig dank der Massenproduktion trotzdem noch bezahlbar ist.

BEISPIEL: INDIVIDUALISIERUNG VON DER STANGE

Ein Beispiel für Mass Costumization ist die Individualisierung von Visitenkarten Kalendern, Grußkarten etc. Die Grundformate und die Ablaufprozesse sind identisch, lediglich die Druckinhalte werden individualisiert.

Materialstammdaten

Unternehmenssoftware wie SAP basiert auf Materialstämmen. Materialstammdaten innerhalb eines Unternehmens sind wesentliche Basisdaten zu Produkten oder Dienstleistungen, die das Grundgerüst der Datenverarbeitung im Unternehmen darstellen. So wird beispielsweise jedem Produkt eine Materialstammdatennummer zugewiesen. Jede Abteilung verwendet diese Nummer, wenn sie Aktionen zum Produkt ausführt, wie z. B. Materialbestellungen etc.

Meta-Suchmaschinen

Eine Meta-Suchmaschine ist keine eigenständige Suchmaschine, sondern genau genommen ein Webportal, das die Suchergebnisse vieler verschiedener Suchmaschinen zu einem Begriff oder einem Ergebnis zusammenfasst. Das bringt den Vorteil, dass man den Suchbegriff nicht in jede Suchmaschine einzeln eingeben muss. In einer Entscheidung des Europäischen Gerichtshofs sind Meta-Suchmaschinen als rechtswidrig eingestuft worden (Entscheidung vom 13. Dezember 2013, Aktenzeichen: C 202/12).

Mixed Reality

Unter dem Begriff Mixed Reality, ins Deutsche übersetzbar in etwa mit »vermischte Realität«, werden visuelle und akustische Ausgabe-Systeme verstanden, die die reale Welt mit einer virtuellen Realität vermischen und ergänzen. Um diese künstlichen Realitäten zu erleben, werden spezielle Brillen eingesetzt.

Die nachfolgende Tabelle zeigt die Unterschiede zur → Virtual und zur Augmented Reality.

	Virtual Reality	Augmented Reality	Mixed Reality
Reale Welt vorhanden?	–	✓	✓
Interaktion mit realer und virtueller Welt?	–	✓	✓
Interaktion zwischen Inhalten realer und virtueller Welt?	–	–	✓

Multi-Cloud

In einer Multi-Cloud sind mehrere Cloud-Computing- und -Speicherdienste zusammengefasst, die sich aus Anwendersicht wie eine einzige große Cloud verwenden lassen. Dies ermöglicht die einfache parallele Nutzung von Cloud-Diensten und -Plattformen mehrerer Anbieter.

Netiquette

Der Begriff der Netiquette steht für Verhaltensregeln, die im Rahmen von elektronischer Kommunikation eingehalten werden sollten, um dort ein wertschätzendes Miteinander zu gewährleisten.

In Chat-Foren bezeichnet man die Netiquette als Chatiquette. Hier gibt es noch zusätzliche Regeln, die den Besonderheiten des Chattens Rechnung tragen.

Beispiele für Netiquette- und Chatiquette-Regeln
Wer in Foren Beiträge postet, sollte dies fairerweise unter seinem Namen tun.
Zurückhaltung ist angesagt. Ein Forum mit unzähligen Beiträgen und sogenanntem Spam zu fluten, um den Diskussionsverlauf zu stören oder einseitig zu beeinflussen, verstößt gegen die Netiquette.
Vorsicht mit privaten Fotos! Deren Upload könnte eventuell die Privatsphäre von anderen verletzen.
Duzen ist okay, Beleidigungen, Beschimpfungen, rassistische oder sexistische Äußerungen nicht.

NFC – Near Field Communication

NFC ist die Abkürzung für Near Field Communication, in etwa übersetzbar mit »Nahfeldkommunikation«. Diese Technik wird beispielsweise zur Datenübertragung zwischen Smartphones verwendet. Die Geräte dürfen nur wenige Zentimeter voneinander entfernt sein, damit die Datenübertragung per NFC sicher stattfinden kann.

Die Übertragungsgeschwindigkeit ist bei diesem Verfahren mit 424 KByte/s geringer als die von Bluetooth.

Offpage-Optimierung

Die Offpage-Optimierung ist neben der → Onpage-Optimierung eine wichtige Säule der Suchmaschinen-Optimierung. Sie umfasst alle Maßnahmen, die der Webmaster abseits der eigenen Seite, also off page, trifft, um das Suchmaschinenranking zu optimieren. Hier geht es im Wesentlichen um die Backlinks, also diejenigen Links, die von anderen Websites mit thematischem Bezug auf den eigenen Webauftritt verlinken. Je mehr dieser Backlinks auf anderen Websites gesetzt werden, desto höher ist die Rankingposition in den Suchmaschinen.

Besonders viele Backlinks erzielt man durch gute Inhalte auf der Website, beispielsweise informative Blogbeiträge, auf die oft von anderen Websites verlinkt wird.

Ökosysteme

Ein Ökosystem ist eigentlich ein Fachbegriff der ökologischen Wissenschaften. Ein Ökosystem besteht aus einer Lebensgemeinschaft von Organismen mehrerer Arten und ihrer Umwelt, die als Lebensraum dient und auch Biotop genannt wird. Es bezeichnet auch ein Beziehungsgefüge zwischen den einzelnen Lebewesen.

Auf den Bereich der Wirtschaft übertragen steht der Begriff für die Gesamtheit der handelnden Akteure (Käufer, Händler, Verkäufer, Produzenten, Konsumenten) innerhalb einer Branche.

Onpage- oder Onsite-Optimierung

Onpage-Optimierung (on page/on site = auf der Seite) dient dazu, die Auffindbarkeit von Webseiten in Suchmaschinen zu verbessern. Sie sollte als fortlaufender Prozess permanent im Auge behalten werden. Die Optimierung umfasst alle Maßnahmen, die auf der Seite direkt ergriffen werden können, um diese suchmaschinenfreundlicher zu gestalten. Onpage-Optimierung beinhaltet unter anderem folgende Umsetzungsschritte:

1. Ladegeschwindigkeit der Seite erhöhen
2. Einfache Architektur der Homepage mit geringer Klicktiefe zu den einzelnen Unter-Websites
3. Möglichst keine Weiterleitungen auf externe Inhalte
4. Nutzung von internen Links und Optimierung der Links
5. Erschaffen von logischen Zusammenhängen der Inhalte und Aussagen der Homepage
6. Texte sollten möglichst strukturiert sein

Siehe auch → Offpage-Optimierung.

Onsite Marketing

Das Onsite Marketing umfasst alle Maßnahmen, die der Optimierung einer Webseite dienen, um zum einen besser in den Suchmaschinen gefunden zu werden und zum anderen die → Conversion Rate zu erhöhen. Solche Optimierungen betref-

fen in der Regel das Template beziehungsweise das Grundgerüst der Website und sind somit meist technischer Natur.

Wer für das Onsite Marketing zuständig ist, kümmert sich daher
unter anderem um folgende Aufgaben:

- Aufbau einer logischen → URL-Struktur
- Technisch fehlerfreier Ablauf beispielsweise von Bestellpro-
  zessen
- Zielgruppen-individualisierte dynamische (Werbe-)Elemente
- Korrekte Darstellung auch auf mobilen Geräten

Open Source Software

Open Source Software bezeichnet Programme, deren Quelltext
oder Quellcode ohne Lizenzgebühren für jedermann zugänglich
ist, also von Dritten eingesehen und zu jedem Zweck geändert und kostenfrei genutzt werden kann. Es gibt zahlreiche
Open-Source-Programme – von Firefox, einer Suchmaschine,
bis hin zu Linux, einem Betriebssystem. Open Source Software
ist entstanden als Gegenbewegung zu den kommerziell orien-
tierten Software-Giganten wie z. B. Microsoft. Sie ist ein wichti-
ges Element des → Sharing-Gedankens.

Von P wie Page View bis Z wie Zero-Day-Attacke

Page View oder Page Impression

Page View ist eine Kennzahl, die im Online-Marketing zum Einsatz kommt. Sie beschreibt, wie oft ein User eine Seite mit einem bestimmten Webbrowser aufgerufen hat. Welche Aktionen er auf einer konkreten Seite ausführt, ist bei dieser Messgröße nicht entscheidend.

Persona

Die Erstellung einer sogenannten Persona ist ein Werkzeug des Marketings, um crossmediale Kundenreisen nachvollziehen zu können. Eine Persona ist ein fiktiver typischer Vertreter eines Zielgruppensegments. Beispiel für eine Persona: Anna Müller ist 35, hat zwei Kinder im Grundschulalter und arbeitet Teilzeit in einem mittelständischen Unternehmen.

Sie wird mit zur Zielgruppe passenden Persönlichkeitsmerkmalen »aufgeladen«. Man versucht dann mittels Tests herauszufinden, welche Ereignisse, Wünsche, Auslöser entscheidend für das Verhalten einer Persona sein können. So lässt sich ein Produkt oder eine Dienstleistung möglichst passgenau auf die Zielgruppe zuschneiden.

Phygital

Phygital setzt sich aus den Wörtern »physical« und »digital« zusammen und beschreibt die Verschmelzung der digitalen Online- mit der realen Offline-Welt. Im Zusammenhang mit dem Konzept der → Industrie 4.0 und der damit einhergehenden vernetzten Zukunft werden reale und digitale Welten immer stärker zusammenwachsen. Daraus entstehen neue Chancen für die Produktion und den Handel von phygitalen Produkten und Services, die einen Nutzen in der realen wie auch in der digitalen Welt bieten.

Plattform

Jedes Objekt, jeder Prozess oder jedes Geschäftsmodell kann mittels der Zerlegung in standardisierte Prozesse und Vorgänge und der Überführung in binäre (0 oder 1) Darstellungen und Entscheidungen in eine Plattform verwandelt werden. Dabei werden digitalisierbare Eingabesysteme (Sensoren) und Ausgabesysteme (Aktoren, Bildschirme, Smartphones, Sprachausgabemedien etc.) verwendet, die Systeme messen, analysieren und Daten zu verwertbaren Informationen aufbereiten. So können Marktplätze, Geschäftsmodelle und Wirtschaftskreisläufe als logische Aneinanderreihung von Plattformen verstanden werden.

Podcast

Das Wort Podcast setzt sich zusammen aus den Begriffen Broadcasting (= Rundfunk) und iPod. Als Podcast wird eine Serie von Mediendateien (Audio- oder Videodateien) bezeichnet, die mithilfe von Software mittels eines Abonnements automatisiert aus dem Internet heruntergeladen werden können und im sogenannten RSS-Feed verlinkt sind.

Ein Podcaster ist jemand, der Podcasts produziert und ins Netz stellt.

Predictive Analytics

Predictive Analytics, in etwa »vorhersagende Analysen«, sind Verfahren, in denen aktuelle und historische Daten mithilfe von Analysen, Statistiken und → Machine-Learning-Techniken ausgewertet werden, um Vorhersagen über zukünftige oder anderweitig unbekannte Ereignisse zu treffen.

Pretotyping

Beim Pretotyping geht es darum, möglichst schnell und kostengünstig herauszufinden, ob eine neue Produkt- oder Dienstleistungsidee einen Mehrwert für die Kunden bietet und damit Chancen auf dem Markt hat.

Während man für einen → Prototyp durchaus bereits Mittel und Geld investiert, setzt ein Pretotyp unmittelbar nach der Produktidee an, bevor man also überhaupt etwas in die Idee investiert.

Beispiele für die Erstellung von Pretotypen: Kritzeln einer App auf ein Post-it; schnelle Skizze zu einer neuen Tasche.

Privacy by Design

Privacy by Design, zu Deutsch in etwa: Datenschutz durch Technikgestaltung, ist ein Ansatz zur Systemgestaltung, der den Grundgedanken verfolgt, dass sich Datenschutz am besten einhalten lässt, wenn er bereits bei Erarbeitung eines Datenverarbeitungsvorgangs technisch integriert und konzipiert wird.

Der in der Datenschutz-Grundverordnung (DS-GVO) geforderte Schutz der personenbezogenen Daten wird damit bereits im Entwicklungsstadium technischer und organisatorischer Maßnahmen berücksichtigt.

Process Mining

Process Mining hat das Ziel, Businessprozesse auf Basis digitaler Spuren und Daten in IT-Systemen zu analysieren, zu rekonstruieren und übersichtlich darzustellen.

Prototyp

Mit einem Prototyp lässt sich auf dem Weg zu einem neuen Produkt viel Geld sparen. Ein Prototyp ist eine vereinfachtes, jedoch in Bezug auf die zu testenden Funktionen funktionsfähiges Modell des geplanten Produkts. Anhand dieses Modells kann getestet werden, ob die Planungen in die richtige Richtung gehen. Es zeigt in einem frühen Stadium der Produktentwicklung beispielsweise, ob Verbesserungen nötig sind oder ob das geplante Produkt den Kundenbedürfnissen entspricht.

In der Softwareentwicklung ist Prototyping ein Verfahren, bei dem lauffähige Software-Komponenten erzeugt werden. Dadurch sollen Probleme und Änderungswünsche des Kunden frühzeitig erkannt und so mit weniger Aufwand behoben werden können. Prototyping ist eine beliebte Methode in der agilen Softwareentwicklung (→ Agiles Arbeiten).

Provider

Das Wort Provider stammt ab vom lateinischen »Providere«, was »versorgen« bedeutet. Der Begriff wird mittlerweile verwendet für jegliche Typen von Dienstleistern, die Services mit Bezug auf Internet, Telefonie und Mobilfunk anbieten. Man unterscheidet beispielsweise Internet Service Provider, Application Service Provider und Host Provider.

Quellprogramm

Ein Quellprogramm ist ein Problemlösungsverfahren in einer für einen Computer verarbeitbaren Form, das in einer Programmiersprache erstellt wird.

Ein Quellcode ist das maschinenlesbare, nicht sichtbare Fundament einer jeden Software, das aus Befehlen und Anweisungen besteht, die dann vom Computer verarbeitet werden.

Rapid Prototyping

Rapid Prototyping, in etwa übersetzbar mit »schneller Modellbau«, ist der Überbegriff zu verschiedenen Verfahren zur raschen und günstigen Herstellung von Prototypen, Musterbauteilen und Kleinserien aus Gips, Kunststoff, Holz und Metall auf Basis der Konstruktionsdaten. Mittlerweile werden Prototypen von Produkten häufig mittels eines 3D-Printers erzeugt. Metallische Bauteile werden mit Lasersinter- und Laserschmelz-Verfahren hergestellt. Alternative Verfahren des Rapid Prototypings sind Space Puzzle Molding, Laminated Object Modelling oder Contour Crafting.

Ziel des Rapid Prototyping ist es, in der Phase der Planung auf einfache und kostengünstige Weise ein Probemodell zu kreieren, um frühzeitig Fehler oder Schwächen in der späteren massenhaften Anwendung und Verwendung zu erkennen. Das erste Apple iPhone soll angeblich ein Holzmodell gewesen sein, das Steve Jobs in der Hosentasche mit sich herumtrug, um die Usability zu testen.

Im Rahmen der Softwareentwicklung versteht man unter Rapid Prototyping die automatische Generierung von Codes, welche der Entwicklung beispielsweise von Webseiten dienen.

Realtime Intelligence

Bisherige Business-Intelligence-Lösungen stellten dem Management lediglich Daten aus der Vergangenheit zur Verfügung.

Es gibt jedoch Daten, die am besten sofort an die zuständigen Stellen gelangen sollten, damit die Verantwortlichen schnell auf aktuelle Änderungen reagieren können. Dazu ist ein jederzeitiger Zugriff auf alle hierfür notwendigen Informationen nötig. Mit Systemen für Realtime Business Intelligence lässt sich dies bewerkstelligen.

Retention Rate

Die Retention Rate, die Kundenbindungsrate, drückt aus, wie viel Prozent der Kunden innerhalb eines festgelegten Zeitraums im Kundenstamm gehalten werden können. Es gibt die unterschiedlichsten Maßnahmen, um die Retention Rate zu verbessern. Um Kunden zu halten, werden beispielsweise der Online-Auftritt regelmäßig gepflegt und aktualisiert, Newsletter und Blogs gestaltet und versendet und Sonderaktionen und Programme wie Rabatte, Kundenclubs, Treuebonus etc. initiiert.

Um die Maßnahmen sinnvoll zu konzipieren, sind das aktuelle Kundenverhalten und die voraussichtliche Entwicklung der Kundenbedürfnisse zu berücksichtigen.

Retweet

Ein Retweet ist ein Tweet eines anderen, der an die eigenen Follower weitergegeben wird. Bei der Weiterleitung via Retweet-Button sind keine Veränderungen am ursprünglichen

Tweet möglich. Die eigenen Tweets können nicht von einem selbst retweetet werden. Die Zahl der zulässigen Retweets ist durch Twitter auf 1.000 pro Tag begrenzt. Grundsätzlich gilt: Je öfter ein Beitrag retweetet wird, desto interessanter ist er für die Community.

RFID

RFID steht für Radio Frequency Identification und lässt sich sinngemäß übersetzen mit »Identifikation mittels magnetischer oder elektromagnetischer Funkwellen«. Jeder Gegenstand, der mit einem RFID-Transpon-  der ausgestattet ist, lässt sich damit kontaktlos und eindeutig identifizieren. Ein Chip, der als Datenspeicher dient, kommuniziert dazu via Funk mit einer Basiseinheit. Befindet sich der RFID-Transponder im Empfangsbereich des Lesegerätes, wird eine wechselseitige Kommunikation ausgelöst. Dazu verfügen beide Geräte über Kopplungselemente in Form von Antennen. Der Energie- bzw. Datenaustausch erfolgt durch magnetische oder elektromagnetische Wellen.

Die Entwicklung von RFID begann bereits in den 1960er-Jahren. RFID-Transponder, die heutzutage via Massenproduktion sehr günstig herzustellen sind, werden beispielsweise zur Kennzeichnung von Produkten im Handel verwendet.

Robotik

Robotik ist ein weites Themenfeld. Sie beschreibt das Konzept der Interaktion von Industrie- oder Service-Robotern mit der physischen Welt auf Basis der Informationstechnik.

Robotik ist hochkomplex. Sie integriert Ansätze aus der Elektrotechnik, dem Maschinenbau, der Informatik und Künstlicher Intelligenz (KI), um die Interaktion zwischen Mensch und Maschine zu optimieren sowie Roboter immer leistungsfähiger und autonomer zu machen. Robotik spielt eine wichtige Rolle in der Industrie, in der Forschung, beim Militär und in der Medizin.

Robotik könnte ähnlich wie die Elektrifizierung und die Digitalisierung die nächste Leitdisziplin des 21. Jahrhunderts werden.

RSS (Feed)

RSS ist die Abkürzung für »Really Simple Syndication«, ins Deutsche übersetzbar in etwa mit »sehr einfache Live-Veröffentlichung«. Dieses standardisierte Dateiformat wurde entwickelt, um Daten und Infos auf einer  Website, insbesondere Nachrichten, gezielt und verdichtet anzuzeigen. Die Daten gelangen über einen sogenannten RSS-Feed, den man abonnieren kann, an den Anwender.

Sales Funnel

Als Sales Funnel, ins Deutsche übersetzbar mit »Verkaufstrichter«, wird der Prozess zwischen dem Erstkontakt zu einem Kunden und dem konkreten Geschäftsabschluss bezeichnet. Auch im Online Marketing spielt er eine Rolle.

Er beginnt immer damit, dass bei einem potenziellen Kunden Interesse am Produkt oder der Dienstleistung geweckt wird, beispielsweise über Online- oder Offline-Werbung oder eine persönliche Empfehlung. Dieses Interesse wird dann im weiteren Verkaufsprozess während der → Customer Journey vom Verkäufer möglichst zu einem Verkaufsabschluss gebracht.

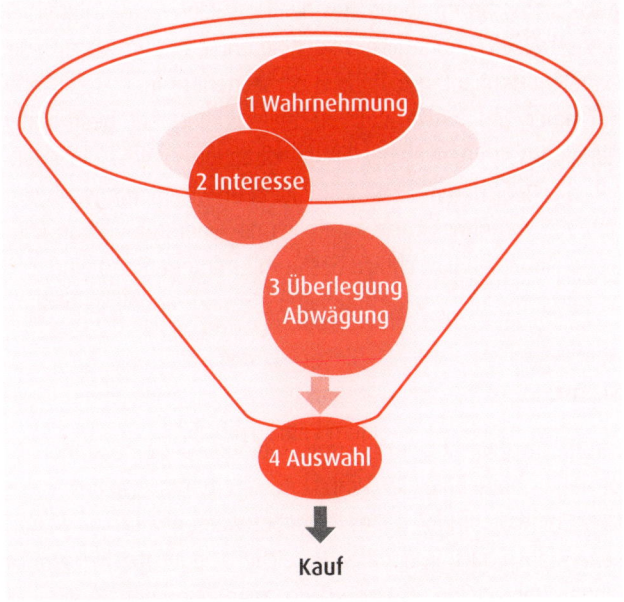

1 Wahrnehmung

2 Interesse

3 Überlegung Abwägung

4 Auswahl

Kauf

Sales Funnel

Screening

Das Screening ist ein systematisches Testverfahren, um innerhalb eines definierten Prüffeldes Einzelheiten mit bestimmten Merkmalen herauszufiltern. Das Verfahren kann ein- oder mehrstufig durchgeführt werden und aus einer Abfolge von aufeinander abgestimmten Tests bestehen.

Auch im Zusammenhang mit der Umsetzung von Digitalisierungsstrategien kann sich Screening anbieten, um damit »die Nadel im Heuhaufen zu finden«. Dabei geht es im ersten Schritt bei einer Grobbewertung um eine Vorauswahl bestimmter Handlungsalternativen bei Internetkampagnen. Ziel ist in jedem Fall die Reduzierung des nachfolgenden Evaluierungsaufwandes. Als Vorgehensweise kann sich die Überprüfung von Mindestansprüchen hinsichtlich bestimmter Kriterien und eine grobe Klassifizierung nach Attraktivität (Scoring-Modell) anbieten.

Scrum

Scrum, in etwa übersetzbar mit Gedränge, ist eine standardisierte Methode im agilen Projektmanagement (→ agiles Arbeiten). Seine Ursprünge hat es in der Softwareentwicklung. Scrum kann jedoch auch in anderen Bereichen eingesetzt werden. Es gibt als Rahmenwerk für agiles Prozessmanagement Bedingungen vor, wie z. B. Projektrollen und einen Prozessablauf.

Scrum sieht vor, dass es innerhalb eines Scrum Teams nur drei verschiedene Rollen mit genau festgelegten Verantwortlichkeiten gibt:

- Product Owner: Er definiert die Anforderungen, ändert sie und priorisiert sie.
- Scrum Master: Er sorgt dafür, dass das Team ungestört von außen arbeiten kann.
- Entwicklerteam

Im Scrum-Prozess finden → Iterationen statt, die Sprints hei-ßen, und verschiedene Meetings nach strengen Regeln, die mit Sprints im Zusammenhang stehen. Die Zwischenergebnisse auf dem Weg zum fertigen Produkt werden bei Scrum → Inkre-mente genannt. Das sind die Teilprodukte der Entwicklung, die aus den Sprints hervorgehen. Im Product Backlog werden die insgesamt umzusetzenden Aufgaben erfasst, im Sprint Backlog die Aufgaben für den jeweiligen Sprint.

Während eines Sprints sind keine Änderungen in den Anforde-rungen möglich. Erkennt der Produktverantwortliche entspre-chenden Bedarf, nimmt er ihn in das Product Backlog auf zur Berücksichtigung in späteren Sprints.

Am Ende eines Sprints präsentiert das Team in einem Sprint Review Meeting das Ergebnis des Sprints. Das Feedback der Stakeholder und weiterer Beteiligter sowie die neuen Anforde-rungen des Product Owners für den kommenden Sprint fließen in das nächste Sprint Planning Meeting ein und der nächste Sprint beginnt.

Das Team tauscht sich täglich in einem auf 15 Minuten begrenz-ten Meeting, dem Daily Scrum Meeting, aus, damit jeder weiß, woran die anderen zuletzt gearbeitet haben, was als Nächstes passiert und welche Probleme an dem jeweiligen Tag zur Lö-sung anstehen.

SD-Karte

Eine Secure Digital Memory Card, kurz: SD-Karte und übersetzbar mit »sichere digitale Speicherkarte«, ist ein digitales Speichermedium, mit dem man das Speichervolumen von Geräten wie beispielsweise Smartphones, Tablets oder Digitalkameras erweitern und Daten von einem Gerät zum anderen übertragen kann – vorausgesetzt, die Geräte verfügen über einen SD-Kartensteckplatz.

SEA

Um SEA zu verstehen, muss man zunächst grundsätzlich Search Engine Marketing (SEM), also Suchmaschinen-Marketing, verstehen. Im Rahmen des Online-Marketing-Mix umfasst SEM alle (Werbe)- Maßnahmen zur Gewinnung von Website-Besuchern. Diese Maßnahmen lassen sich in SEO (Suchmaschinenoptimierung) und SEA (Suchmaschinenwerbung) unterteilen.

Im Internet angebotene Produkte werden häufiger gekauft, wenn sie einfach gefunden werden. SEA steht für bezahlte Maßnahmen, die eine bessere Markenpräsenz innerhalb der Ergebnisse von Suchmaschinen bewirken. Unternehmen bezahlen also dafür, dass ihre Produkte in den Suchergebnislisten möglichst weit oben stehen.

Security Automation

Die zunehmende Vernetzung erhöht das Risiko von Cyber-Angriffen auf Unternehmen. Security Automation soll diesen Risiken mit der Einleitung von automatisierten IT-Security-Prozessen begegnen.

Sensoren

Ein Sensor ist ein technisches Bauteil, mit dem man unterschiedliche physikalische oder chemische Faktoren, so z. B. Temperatur, Druck, Position, Wärme, Helligkeit, Beschleunigung, messen und in ein bestimmtes elektrisches Signal umformen kann. Sensoren haben viele Einsatzgebiete:

- In Touchscreens können mittels Gyrosensor Bewegungen (drehen, schütteln, rotieren etc.) registriert werden.

- Lagesensoren können je nach Neigungswinkel einen vertikalen oder horizontalen Bildaufbau gestalten.

- Die Steuerung mittels Gestensensor wird bereits in Spielekonsolen eingesetzt.

- In der Autoindustrie spielen Sensoren ebenfalls eine wichtige Rolle: Ein Näherungsmesser misst den Abstand zu Objekten und erkennt, ob sich jemand zum Auto hin oder davon wegbewegt. Ein Accelerometer misst die Beschleunigung. Abstandsmesser und die Steuerung mittels Navigationssystem setzen eine laufende Positionsbestimmung mittels Sensoren voraus.

- Auch in Fitnessarmbändern werden Sensoren verwendet, um den Blutdruck und den Puls zu messen.

- Es ist mittlerweile sogar möglich, mittels Sensoren den PH-Wert und den Blutzuckerspiegel zu messen.

- In Smart Homes können durch Sensoren Bewegungen registriert und der Energieverbrauch im Haus gemessen werden.

- Ein Hallsensor erkennt, ob ein Display bedeckt ist oder ob es Raumgeräusche gibt.

- Eine Geomagnetic Sensor misst die Stärke von Magnetfeldern.

- Ein Barometer führt atmosphärische Messungen durch.

SEO

SEO steht für Suchmaschinenoptimierung. Dabei wird versucht, eine Webseite inhaltlich bzw. technisch so anzupassen, dass sie ein besseres Ranking in den Ergebnissen bekannter Suchmaschinen erzielt. SEO wird in → Onpage-Optimierung, d.h. webseitenbezogene, sowie Offpage-Optimierung, also webseitenunabhängige Maßnahmen, unterteilt. Die wichtigsten Onpage-Maßnahmen:

- Verbesserung des Aufbaus einer Webseite,

- der Ausbau des Contents sowie

- die Optimierung der Metangaben einer Webseite.

Sharing

In Zeiten der Ressourcenknappheit kommen Menschen immer mehr ab vom Konsumgedanken. Ihnen ist es nicht mehr so wichtig, möglichst viele Dinge ihr Eigen zu nennen. Es reicht ihnen, sich Gegenstände, die sie gerade brauchen, zu leihen.

Aus diesem Trend hat sich eine Sharing-Economy entwickelt. Unternehmen bieten Nutzern auf Online-Plattformen die Möglichkeit, sich günstig Autos, Fahrräder oder andere Gebrauchsgegenstände zu mieten oder sogar kostenlos zu leihen.

Nachfolgend sind beispielhaft einige Sharing-Plattformen aufgeführt:

- Lebensmittel teilen statt sie wegzuwerfen, ist die Grundidee bei www.foodsharing.de.

- Leih-ein-buch.de organisiert das Ver- und Ausleihen von Büchern. Nutzer erhalten ihr Wunschbuch für 28 Tage und bezahlen dafür Porto und eine Systemgebühr. Möglich ist auch eine persönliche Abholung.

- Das Portal www.hitflip.de organisiert den Tausch von Medien, also beispielsweise DVD, CD, (Hör-)Büchern oder Games.

- Auf www.fashionlend.com kann man Kleidung und Accessoires leihen.

- www.mamikreisel.de und www.Kleiderkreisel.de sind Tauschplattformen für Bekleidung.

- Bei www.frents.com, frents steht für »Friends rent things«, werden als eine Form der Nachbarschaftshilfe Gegenstände verliehen. Jeder Vermieter legt den Mietpreis für seine Gegenstände selbst fest.

- Via www.leihdirwas.com kann man sich nützliche Gegenstände leihen, sofern man sich einem freiwilligen SMS-Verifizierungs-Verfahren unterzogen hat.

Silizium-Photonik

Unter dem Begriff Silizium-Photonik (Silicon Photonics) versteht man die Verbindung von optischen Bauelementen mit Logik auf einem Chip. Die optischen Bauelemente werden zur Einsparung von Material und Energieverbrauch mit Halbleitertechnologien und Logikschaltungen auf Silizium-Wafern wie herkömmliche Chips erzeugt. Dabei soll zukünftig nur noch ein Tausendstel der heute benötigten Energie für den Datentransport benötigt werden bei gleichzeitig deutlich erhöhten Bandbreiten. Mittels dieses Verfahrens soll der Informationstechnik ein ähnlicher Entwicklungssprung bevorstehen wie seinerzeit durch die Erfindung der ersten Chips, die Transistoren ersetzt hatte.

Smart Data

Tagtäglich fallen in Unternehmen riesige Datenmengen an. Sie möglichst intelligent und effizient für die Unternehmensziele zu nutzen, gelingt mit Smart-Data-Technologien. Solche innovativen Technologien wählen mittels logischer Regeln nach bestimmten Strukturen nützliche Daten aus den Datenmengen aus, ordnen und analysieren sie.

Smart Factory

Das Schlagwort Smart Factory, »intelligente Fabrik«, steht für die Steuerung der Fertigungstechnik mittels → Algorithmen, die im Idealfall so ausgebaut ist, dass sich der gesamte Produktionsprozess (Logistik und Fertigungsanlagen) ohne menschliche Hilfe selbst organisiert. Basis hierfür ist die Vernetzung von Maschinen und Produkten, die miteinander kommunizieren. Sensoren und Chips erfassen Messwerte jedes einzelnen Bauteils oder Rohstoffs. Diese Informationen werden in Echtzeit verarbeitet, bewertet und gemäß dem programmierten Algorithmus zur Steuerung des Produktionsprozesses verwendet. Weitere Voraussetzungen sind leistungsfähige Prozessoren, die alle Daten gleichzeitig verarbeiten können, und Medien, die die riesigen Datenmengen, die dabei anfallen, speichern können.

Smart Home

Als Smart Home, also als »intelligentes Zuhause«, wird ein mit sich selbst und zum Internet vernetztes und mithilfe von Sensoren ausgerüstetes Zuhause beschrieben. Die Ausstattung der technischen Geräte (Waschmaschine, Kühlschrank, Lampen, Heizung, Unterhaltungselektronik etc.) und Funktionen (Türen, Rollläden, Toren, Markisen) mit

- Sensoren,

- der Vernetzung und

- der Anzeigen und Ausgaben über Aktoren (Smartphones, Lausprecher) und

- Apps zur Steuerung

dient der Erhöhung von Wohn- und Lebensqualität, der Sicherheit und effizienter Energienutzung auf der Basis von automatisierbaren Abläufen.

Smartphone

Als Smartphone, sinngemäß übersetzbar mit »schlaues Telefon«, wird ein Mobiltelefon (bzw. nach deutscher Umgangssprache ein »Handy«) bezeichnet, das Funktionalitäten wie ein PC aufweist und Verbindungen über Mobilfunknetze oder das → WLAN ins Internet ermöglicht. Es kann über den Download von Anwendungsprogrammen (Apps) individuell an die Nutzerbedürfnisse angepasst werden. Zur Standardausstattung bei diesen Geräten gehören mittlerweile berührungsempfindliche Bildschirme, sogenannte Touchscreens, Digitalkameras und Bluetooth.

Es gibt im Wesentlichen zwei Arten von Betriebssystemen für Smartphones: iOS bei Apple iPhones und Android.

Smartphones spielen in Bezug auf ihre Rolle als Aktoren (Ausgabemedien) heute eine wichtige Rolle bei der Konzeption von digitalen Geschäftsmodellen.

Snippet

Ein Snippet, im Deutschen: »Schnipsel«, ist die Vorschau der Inhalte einer Webseite in den Suchergebnissen. Diese Kurzinfos sollen den User auf das Angebot der Seite aufmerksam machen und ihn möglichst dazu  bewegen, den Link auf die Seite anzuklicken. Angezeigt wird im Snippet eine Überschrift, der Teasertext und die → URL der angezeigten Seite.

Als Grundregel für Snippets gilt: Je kürzer und prägnanter sie auf den gesuchten Begriff zugeschnitten sind, desto günstiger wirkt sich dies auf die → Click-Through-Rate aus. Die Snippet-Texte sollten in der Regel Zusammenfassungen des Inhalts der jeweiligen Seite sein.

Ein Snippet kann in den gängigen Suchmaschinen-Ergebnislisten auch als »Featured Snippet« oder »Rich Snippet« dargestellt werden. Rich Snippets können neben Texten auch Bilder, Videos, Preise, Eventdaten und vieles mehr enthalten. Ob sich eine Seite für Rich-Snippet-Darstellungen eignet, kann für Google unter https://search.google.com/structured-data/testing-tool?hl=de getestet werden.

Featured Snippets, bei Google auch »hervorgehobene Snippets« genannt, werden außerhalb der Suchergebnislisten in einer Box dargestellt. Sie können ebenfalls neben Text zusätzliche Infos und Medien enthalten.

Social Media

Jeder kann heutzutage Inhalte für alle oder einen begrenzten Nutzerkreis online stellen, Beiträge von anderen bewerten, sie mit wieder anderen teilen und sich dazu austauschen. Die digitalen Medien und Technologien, die all das möglich machen, werden deshalb auch Social Media genannt. Social, also sozial, weil sie Interaktionsmöglichkeiten bieten, wie wir sie aus unserem echten sozialen Leben kennen.

Neben den bekannten Plattformen XING, Twitter, LinkedIn und Facebook gibt es noch Dutzende weitere Plattformen, die in die Kategorie soziales Netzwerk fallen. Zu den weltweit größten Social Media gehören auch Instagram, Twitter und Pinterest. Wikipedia, eine Wissensdatenbank, bei der jeder etwas beitragen kann, zählt ebenso zu den sozialen Medien wie Bewertungsportale oder auch der Video-Austausch-Gigant YouTube.

Alle diese Dienste zeichnen sich dadurch aus, dass man den Nutzern folgen oder sie als Freunde seinem Netzwerk hinzufügen kann, dass man selbst weitgehend unbeeinflusst vom Anbieter Inhalte erstellen kann und andere diese Inhalte bewerten und teilen können.

Social Media Marketing

Beim Social Media Marketing bedienen sich Unternehmen der sozialen Medien, um unter anderem

- ihre Produkte bekannter zu machen,

- mehr Traffic auf ihren Seiten zu erzeugen,

- ein besseres Ranking in den Suchmaschinen zu erzielen (wer aktiv in Social Media ist, rutscht im Ranking nach oben),

- Kunden zu binden,

- Kundenbedürfnissen nachzuspüren,

- Feedback und Meinungen einzuholen.

Software as a Service

Software as a Service, kurz: SaaS, ist eine Dienstleistung, die via → Cloud Computing funktioniert. Der Kunde nutzt dabei gegen Entgelt über eine Internetverbindung Software und IT-Infrastruktur, die bei einem externen IT-Dienstleister vorgehalten wird. Der Kunde greift auf die bereitgestellten Software-Anwendungen online zu. Die Vergütung wird abhängig von der jeweiligen Vertragsausgestaltung entweder zeit- oder leistungsabhängig berechnet. Zudem muss der Kunde sich nicht um die Wartung oder Updates kümmern.

Diesen Vorteilen steht ein Nachteil gegenüber: Der Kunde ist davon abhängig, dass der Anbieter die Datenverbindungen verfügbar und aktuell hält.

Spam

Als Spam (umgangssprachlich für UBE = Unsolicited Bulk E-Mail) oder Junk (englisch: Müll) werden unerwünschte Massen-E-Mails verstanden. Diese Spam-E-Mails werden von einem Verursacher, einem sogenannten Spammer, gegen den Willen und ohne vorheriges Einverständnis der Empfänger an Millionen von E-Mail-Adressen versendet. Die unerwünschten Mails verstopfen das elektronische Postfach, kosten Lebenszeit, die auf das Lesen wesentlicher E-Mails verwendet werden könnte, und können sogar Viren enthalten bzw. als Phishing E-Mails dienen, mit denen versucht wird, persönlichen Daten der Adressaten auszulesen. Zum Beispiel werden gefälschte Mails mit der Aufforderung zur Eingabe von Passwörtern an Adressaten versendet, um damit an Informationen zu gelangen, die z. B. bei Online-Bestellportalen und im Online-Banking benötigt werden.

Sprachassistent

»Alexa« nennt der Online-Händler Amazon seinen digitalen Sprachassistenten, der mittlerweile in zahlreichen Amazon-Geräten, so beispielsweise in den Amazon-Lautsprechern oder Smart-Home-Geräten, eingebaut ist und via App auf definierte Sprachbefehle reagiert. Alternative, aktuell verfügbare Angebote von anderen Herstellern heißen Apple Siri, Microsoft Cortana, Google Assistent oder Samsung Bixby. Basis all dieser Anwendungen ist eine Software, die Spracherkennung und

-analyse mit der Suche nach Informationen oder dem Abarbeiten einfacher Aufgaben verbindet.

Diese Geräte werden damit zu einer intuitiv bedienbaren Schnittstelle zwischen Computern und Menschen. Fachleute gehen davon aus, dass die Sprachfunktionen über kurz oder lang die Mausbedienung bzw. die Track- oder Pad-Steuerung ablösen werden, da diese im Gegensatz zur Sprachsteuerung feinmotorische Fähigkeiten voraussetzen.

Stacey-Matrix

Agile und leane Methoden sind derzeit weit verbreitet, eignen sich aber nicht für jedes Projekt. Ob nach dem klassischen Wasserfallmodell oder besser agil oder lean oder in einer Kombination aus diesen Methoden vorgegangen werden sollte, kann unter Zuhilfenahme der sogenannten Stacey-Matrix besser beurteilt werden. Sie wurde vom britischen Wirtschaftsprofessor Ralph Douglas Stacey entwickelt, um zu einer ersten Einschätzung zu gelangen und letztlich eine Entscheidung zu fällen, welche Vorgehensweise im individuellen Fall zielführend ist.

Für die Beurteilung sind nach Stacey dabei zwei Kriterien ausschlaggebend, die er auf Achsen in einer Matrix darstellte:

- der Grad der Bekanntheit der Kundenanforderung und

- der Grad der Bekanntheit der technischen Lösung.

Daraus ergeben sich drei Zonen, nämlich einfache, komplizierte und komplexe Situationen.

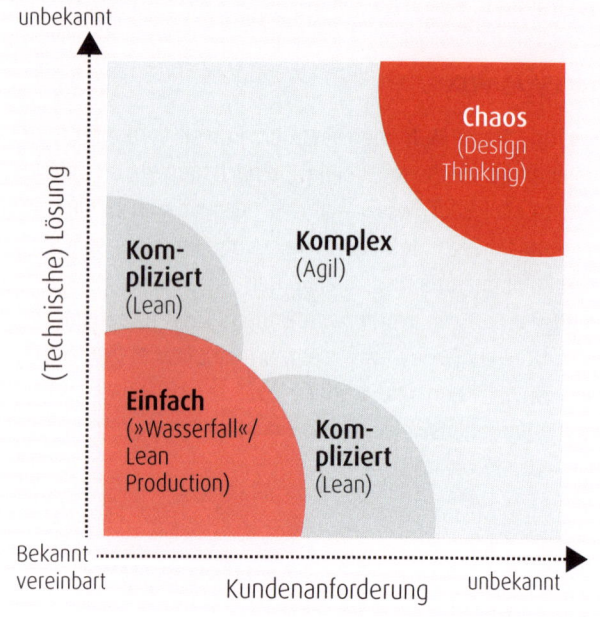

Stacey-Matrix

- Einfache und komplizierte Situationen sind mit Linienorgani- sationen und Standardprozessen in den Griff zu bekommen. So beispielsweise in der Serienfertigung oder in der Buch- haltung.

- In hochkomplexen Situationen, die geprägt sind von unklaren Anforderungen, eignen sich dagegen agile und leane Heran- gehensweisen (→ agiles Arbeiten). Das kann beispielsweise bei der Neuentwicklung eines Produkts oder einer Software der Fall sein.

Track Record

Der Track Record, im Deutschen: Erfolgsbilanz, ist eine individuelle Referenzliste und Aufzeichnung zu den bisherigen geschäftlichen Aktivitäten und Erfolgen. Ein langer Track Record deutet auf umfassende Erfahrung im entsprechenden Themengebiet, so beispielsweise bei Internet-Kampagnen, hin.

URL

URL ist eine Abkürzung für »Uniform Resource Locator«, in etwa übersetzbar mit »einheitliche Anzeige von Ressourcen«. Eine URL definiert und lokalisiert ähnlich wie eine Postadresse eindeutig und unverwechselbar eine Internetseite im World Wide Web.

Usenet

Der Begriff beschreibt ein Unix-Benutzer-Netzwerk, welches lange vor dem World Wide Web als ein weltweites elektronisches Netzwerk betrieben wurde. In diesen Diskussionsforen werden angemeldeten Teilnehmern Informationen in reiner Textform zur Verfügung gestellt.

User Experience

User Experience, kurz UX und ins Deutsche übersetzt »Nutzerer-fahrung«, beschreibt sämtliche Erfahrungen, die jemand in der Interaktion mit einer Anwendung, Umgebung, Dienstleistung, Einrichtung oder einem Produkt sammelt.

Ein UX-Designer beschäftigt sich damit, die Schnittstelle zwischen dem Menschen und dem digitalen Produkt so komfortabel, leicht bedienbar und angenehm wie möglich zu machen. UX ist einer der zentralen Erfolgsfaktoren für digitale Angebote in stark umkämpften Märkten: Das Nutzererlebnis entscheidet darüber, ob ein Interessent letztlich zum Kunden wird und es auch langfristig bleibt.

Virtual Reality

Virtuelle Realität, abgekürzt VR, führt den Menschen mithilfe einer computergenerierten Umgebung in Welten, die nicht real sind, jedoch so wirken. VR spielt heutzutage nicht nur in Computer Games eine Rolle, sondern auch bereits im Handel und in der Architektur, um Kunden beispielsweise Ladenkonzepte und Immobilien so realitätsgerecht wie möglich präsentieren zu können.

Virtuelle Realitäten schaffen die Möglichkeit, potenziellen Kunden Waren und Dienstleistungen unabhängig von Ort und Zeit anschaulich zu präsentieren. So können beispielsweise Reiseveranstalter ihren Kunden  von Zuhause aus oder im Reisebüro per VR-Brille einen sehr realitätsnahen Eindruck einer Fernreise verschaffen. (https://www.ardmediathek.de/tv/Faszination-Wissen/Was-kann-Virtu-al-Reality/BR-Fernsehen/Video?bcastId=14912700&documen-tId=47797696)

VUCA

Die Wortschöpfung VUCA setzt sich aus den englischen Begriffen Volatility (**V**olatilität), Uncertainty (**U**nbeständigkeit, Unsicherheit), **C**omplexity (Komplexität) und **A**mbiguity (Mehrdeutigkeit) zusammen. VUCA steht für die Rahmenbedingungen der Welt, in der wir heutzutage leben (siehe hierzu ausführlich Kapitel »Digitalisierung – ein Definitionsversuch«).

Wearables

Wearables sind kleine, vernetzte Computer, die am Körper getragen werden können oder in die Kleidung integriert sind. Diese unterstützen bei Alltagsfunktionalitäten. So gibt es beispielsweise neben digitalen Brillen auch Fitnessarmbänder und Smart Watches, die den Blutdruck und den Puls messen können.

Webinar

Webinar ist eine Wortschöpfung aus »Web« und »Seminar«. Damit ist ein interaktives Seminar gemeint, das über das Internet angeboten und durchgeführt wird. Die Teilnehmer können sich an unterschiedlichen Orten mittels internetfähigem PC oder über Tablets und Smartphones mit Internetanschluss in diese Seminare mit einer Zugangskennung einwählen.

Web-Tracking

Jeder, der im Internet surft, hinterlässt eine Spur (siehe auch → Cookie). Web-Tracking (tracking = verfolgen) beschreibt das Nachverfolgen der Online-Aktivitäten eines Users durch sogenannte Tracker im World Wide Web. Web-Tracking hat das Ziel, das Verbraucherverhalten zu erfassen. Die Tracker können auswerten, welche Webseiten wie lange von den Usern aufgerufen werden. Die Ergebnisse des Web-Trackings sind insbesondere für das Online Marketing interessant.

Wireless

Wireless (= kabellos) wird eine Technologie genannt, mit der sich nach Einwahl in ein → WLAN-Netz ohne Verbindungskabel kommunizieren oder Energie bei Ladevorgängen übertragen lässt. Sensoren, Prozessoren und Aktoren sind heutzutage alle in der Lage, drahtlos zu kommunizieren.

WLAN

WLAN steht für Wireless Local Area Network, also »kabelloses lokales Netzwerk«. Es ist der Oberbegriff für alle schnur- und drahtlosen lokalen Netzwerke. Teilweise wird es auch Wi-Fi genannt.

XING

XING ist ein überwiegend für berufliche Kontakte genutztes soziales Netzwerk. User können sich dort mit anderen aus ihrer Branche vernetzen, Interessengruppen anschließen und Aufträge anbahnen. XING ist ein sehr beliebtes Portal auch für Headhunter und Personalrecruiter, die sich dort auf die Suche nach potenziellen Mitarbeitern für ihre Kunden machen. Ein Basis-Account auf XING ist kostenfrei.

Das internationale Pendant zu XING ist LinkedIn. Es bietet sich für diejenigen an, deren Beruf oder Karriere einen Bezug zum Ausland hat.

YouTube

YouTube ist ein Internet-Portal, auf dem die Benutzer kostenlos Video-Clips ansehen, bewerten und hochladen können. Es gibt dort Film- und Fernsehausschnitte, Musikvideos sowie selbstgedrehte Filme. Das Unternehmen gehört zum Google-Konzern und finanziert sich primär durch Werbeeinblendungen.

Zero-Day-Attacke

Zero-Day-Malware lässt sich in etwa mit »bisher unbekannte Schadsoftware« übersetzen. Bei einer entsprechenden Attacke wird ein neuartiger Schadcode in die IT-Infrastruktur vor allem von Unternehmen eingeschleust. Sicherheitssoftware erkennt die unbekannte Malware zumeist nicht.

3D-Druck → Additive Fertigung

5G

Die nächste 5. Mobilfunkgeneration des mobilen Netzes orientiert sich an den Anforderungen der Anwender vor Ort. Zunächst wird 5G auf 4G aufsetzen und voraussichtlich parallel dazu betrieben werden. Dabei wird mit einem sehr breitbandigen Netz mit hohen Datenraten der Fokus jeweils auf extrem kurze Antwortzeiten und hohe Zuverlässigkeit gelegt werden. Diese Fortentwicklung setzt auf LTE und dem bestehenden Grundgerüst der bisherigen Sendemasten, die an Glasfaserkabel angeschlossen werden, auf. Unter einem »5G-Dach« wird es kein gleichförmiges 5G-Netz für alle geben, sondern viele individuelle, virtuelle Spezialnetze, die auf die jeweiligen Anwendungen zugeschnitten sein werden.

Anhang

Weiterführende Blogs

www.telekom.com/de/blog

Der Blog der Telekom informiert laufend aktuell über den Stand des Netzausbaus und
die damit zusammenhängenden Themen
und Schlüsseltechnologien. Schwerpunkte
bilden das Thema Digitalisierung und die
daraus folgenden Veränderungsprozesse

und die notwendigen gesellschaftlichen und politischen Rahmenbedingungen für die Entwicklung einer digitalen Kultur in
der D-A-CH-Region. Dieser Blog ist Muss für Entscheider, die
sich auf dem neuesten Stand zu den umfassenden Folgen der
Digitalisierung halten wollen.

https://blogs.microsoft.com

Auch der Microsoft Blog bietet unverzicht-
baren Lesestoff für alle Entscheider, die auf
Ballhöhe in puncto Digitalisierung bleiben
wollen. Speziell für kleinere und mittlere
Unternehmen (KMU) in der D-A-CH-Region
werden dort laufend Angebote zur Fortbil-

dung und Weiterentwicklung veröffentlicht. Der Blog ist gut aufbereitet und wird laufend aktualisiert.

www.industry-of-things.de

Auf die Frage, was die Digitalisierung für Industrieunternehmen im Kern bedeutet, gibt es genauso viele Antworten, wie es Perspektiven auf das Thema gibt. Dabei ist es egal, ob man von Industrie 4.0, Industrial Internet oder Internet of Things spricht – die  Vernetzung von Prozessen und Systemen wird die Märkte der Zukunft prägen. Das ist jedem bewusst und doch fällt vielen die Umsetzung sehr schwer. Im Portal »Industry of Things« bieten mehr als 40 Redakteure verständliche Informationen nicht nur zu aktuellen Entwicklungen im Internet der Dinge und der Industrie, sondern auch zur Praxis mit einem neuen Blickwinkel auf Anwendungen, Technologien oder IT-Security sowie zu politischen und aktuellen Themen rund um die Digitalisierung.

https://blogs.cisco.com/digital

Cisco veröffentlicht einen englischsprachigen »Digital Transformation Blog« sowie einen deutschsprachigen Blog »Deutschland Digital«. Der Fokus beider Angebote liegt auf der Vorstellung innovativer Unternehmen sowie Maßnahmen zur Durchführung der digitalen Transformation.

www.digitalistmag.com

Wer sich mit Digitalisierung beschäftigt, sollte das Digitalist Magazine von SAP kennen. Der Blog bietet deutsch- und englischsprachige Artikel mit breitem thematischen Bogen zur Digitalen Transformation und starkem Praxisbezug. Er deckt sowohl Bereiche wie Unternehmenskultur, Prozessplanung als auch unterschiedliche Branchen wie den Einzelhandel oder den Bankensektor ab.

https://morethandigital.info

Der Blog »MoreThanDigital« wird von einer Agentur betrieben, die auf Onlinemarketing-Beratung, Onlinewerbung, Google Adwords, Webanalyse und Landingpage-Entwicklung spezialisiert ist. Die Plattform konzentriert sich auf die digitale Transformation und neue Technologien für den Mittelstand und versteht sich als Sprachrohr für Visionäre und Spezialisten.

Weiterführende Podcasts

http://blogs.deutschlandradiokultur.de/new-work

Die Autorin dieses Podcasts ist Expertin für die Themen Kulturwandel in Unternehmen, New Work und Digital Leadership. Inga Höltmann versendet einen monatlichen Newsletter zu diesen Themen und tritt auch bei Podiumsdiskussionen auf, hält Vorträge und bietet Workshops an. Sie ist außerdem Gründerin der digitalen Führungskräfte-Akademie »Accelerate Academy«. Darüber hinaus engagiert sie sich bei den Digital Media Women #DMW, einem Netzwerk für Frauen in der Digitalbranche. Sie ist ausgebildete Wirtschaftsjournalistin; zu ihren Auftraggebern gehören der Berliner Tagesspiegel und das Deutschlandradio Kultur.

www.zeit.de/serie/frisch-an-die-arbeit

In »Frisch an die Arbeit« stellen die Autoren prominenten Personen aus Wirtschaft, Gesellschaft und Politik jeweils 25 Fragen über ihr persönliches Verhältnis zu ihrem Job. Alle Zuhörer des Podcasts können den Fragebogen auch selbst beantworten.

www.einfach-eilers.com/arbeitsphilosophen
Frank Eilers ist durch seinen Podcast »arbeits-
philosophen« bekannt geworden, in denen er
konkrete New-Work-Projekte, Visionen und Herausforderungen beschreibt.

Stichwortverzeichnis

Literatur

Atiker, Ömer, A.: »In einem Jahr Digital«, Weinheim 2017.

Drath, K.: »Resilienz in der Unternehmensführung«, München, Freiburg 2016.

Gassmann, O.; Frankenberger, C.; Csik, M., u.a.: »Geschäftsmodelle entwickeln«, München 2017.

Kollmann, T., Schmidt, H.: »Deutschland 4.0 – Wie die digitale Transformation gelingt«, Wiesbaden 2016.

Laloux, F.: »Reinventing Organizations«, München 2017.

Radermacher, I.: »Digitalisierung selbst denken – Eine Anleitung, mit der die Transformation gelingt«, Göttingen 2017.

Rogers, David L.: »Digitale Transformation – das Playbook«, Frechen 2017.

Schallmo, D., u.a.: »Digitale Transformation von Geschäftsmodellen«, Wiesbaden 2017.

Sprenger, R.: »Radikal Digital«, München 2018.

Stöger, R.: »Toolbox Digitalisierung«, Stuttgart 2017.

Impressum

Bibliografische Information der Deutschen Nationalbibliothek
Die Deutsche Nationalbibliothek verzeichnet diese Publikation in der Deutschen Nationalbibliografie; detaillierte bibliografische Daten sind im Internet über http://www.dnb.dnb.de abrufbar.

Print: ISBN: 978-3-648-12288-4   Bestell-Nr.: 10758-0001
ePub: ISBN: 978-3-648-12289-1   Bestell-Nr.: 10758-0100
ePDF: ISBN: 978-3-648-12290-7   Bestell-Nr.: 10758-0150

Dr. Peter Lender
Digitalisierung klargemacht – Basiswissen für Arbeitnehmer und Unternehmen
1. Auflage 2019

© 2019, Haufe-Lexware GmbH & Co. KG, Munzinger Straße 9, 79111 Freiburg
Redaktionsanschrift: Fraunhoferstraße 5, 82152 Planegg/München
Internet: www.haufe.de
E-Mail: online@haufe.de
Redaktion: Jürgen Fischer

Satz: Reemers Publishing Services GmbH, Krefeld
Konzeption, Realisation und Lektorat: Nicole Jähnichen, www.textundwerk.de
Umschlagentwurf: RED GmbH, Krailling
Umschlaggestaltung: Kienle gestaltet, Stuttgart

Der Autor

Dr. Peter Lender

ist mittlerweile seit über 25 Jahren Experte für den B2B-Vertrieb, Kundenservice und die Umsetzung von Digitalisierungsstrategien. Er ist Referent, Autor zahlreicher Fachartikel und Herausgeber des Transformationsmagazins (https://transformations-magazin.com), das Lesern Fragen rund um die Digitalisierung beantwortet.

Weitere Literatur

»Agiles Führen« von Jörg Preußig, Silke Sichart, 128 Seiten, EUR 9,95, ISBN 978-3-648-12105-4, Bestell-Nr. 10749

»Design Thinking« von Annie Kerguenne, Hedi Schaefer, Abraham Taherivand, 239 Seiten, EUR 9,95. ISBN 978-3-648-10022-6, Bestell-Nr. 10743

»Digital Offroad« von Ulf Bosch, Stefan Hentschel, Steffen Kramer, 230 Seiten, EUR 24,95, ISBN 978-3-648-10931-1, Bestell-Nr. 10263